农村劳动力转移职业技能培训教材

钢筋工

中央农业广播电视学校　组编

中国农业大学出版社

主　　编　王　坤
编　　写　王振国　崔学才
指导教师　欧　宇

编写说明

根据党中央、国务院关于加强农村劳动力转移培训的要求，按照农业部等有关部门的部署和安排，为提高农村劳动力职业技能，适应各地开展职业技能培训的需要，中央农业广播电视学校组织编写了农村劳动力转移职业技能培训教材，供各地农业广播电视学校和其他各类教育培训机构使用。

《钢筋工》一书按照能力模块组合的要求，参照国家职业标准编写。全书共分为九章，内容包括执业基础、建筑识图与房屋构造、钢筋及钢筋混凝土的基础知识、钢筋的配料、钢筋加工、钢筋的连接、钢筋施工操作程序、钢筋工程质量、施工安全知识。

本书图文并茂、语言平实，通俗易懂，侧重于职业技能操作内容。为方便学习，结合文字教材，配有 VCD 光盘。

热忱希望广大读者对教材中不妥之处提出宝贵意见，以期进一步完善。

中央农业广播电视学校

2006 年 2 月

目　录

第一章 执业基础

第一节 务工常识

建议准备进城务工的农民朋友在情感、知识、技能、礼节礼貌等方面做好准备。

一、求职择业常识

1. 证件准备

出门前，应该到家乡的乡镇政府办理外出人员**就业登记卡**，16～49 周岁的育龄妇女还需办理婚育证明或流动人口**婚育证明**。

外出务工时除带以上两种证件外，还需带**身份证**、**毕业证**或学历证明，以及能证明自己特殊身份的证件，如转业军人证、复员军人证等。凡前往深圳、珠海或其他省（区）边境管理区就业的公民，必须申办《边境通行证》。在外出之前，最好带几张 1 吋和 2 吋的免冠正面证件用**相片**，以备进城之后办理必要证件时使用。

来到务工城镇后，必须及时到管辖居住地的派出所、乡（镇）人民政府或街道办事处计划生育办公室办理**暂住证**、外来人员**就业证**，育龄妇女还必须办理外来人员**婚育证**或暂住人口**计划生育证**等证件。

2. 思想准备

准备进城务工的农民朋友应从以下几方面做好思想准备：①

权衡打工的利弊。②考虑自己进城务工各方面的条件。例如，家庭能离开吗？父母、孩子、妻子或者丈夫是否愿意你外出打工？外出打工有没有后顾之忧？自己的身体状况如何？有没有什么慢性病？能否承受打工的劳动强度？本人素质、文化水平和技能状况如何？能否保证找到较满意的工作？③对近阶段的生活和工作做个计划。

3. 技能准备

职业资格证书：外出务工应取得相应的职业资格证书。职业资格证书是表明劳动者具备职业所需要的专门知识和技能的证明，它是劳动者求职、任职、开业的资格凭证，是用人单位招聘、录用劳动者的主要依据。

培训：领取职业资格证书前应参加培训。培训的内容包括：①基本技能和技术操作规程培训，包括不同行业、不同工种、不同岗位的技能培训。②政策、法律法规，如《中华人民共和国劳动法》、《中华人民共和国劳动合同法》、《中华人民共和国职业病防治法》、《中华人民共和国治安管理处罚条例》等知识培训，增强务工者遵纪守法和利用法律保护自身权益的意识。③安全常识和公民道德规范培训。

培训的途径有：①劳动部门举办的技能培训班。②中等职业学校（中专、职业高中、技校、夜校、农业广播电视学校）举办的技能培训班，这些是目前进城务工农民获得有关专业技能的主要渠道。③电视学校或网络学校的培训班。

4. 了解城市用工情况

一般来说，大城市比中小城市容易找到工作，收入也较高。从目前全国范围来看，民工的主要流向依次是：①广东、福建、海南等沿海地区的经济特区和发达城市，如深圳、珠海、厦门、汕头等。这些地方是改革开放的前沿，乡镇企业、私营企业、外资企业及合资企业比较多，工作机会相对多一些。②上海、江苏和浙江一带。这里是长江经济开发带的龙头地区，经济比较发达，尤其是这些地方中小企业比较集中，对民工的需求量很大。③北京、天津等大城市。北京是首都，天津是直辖市，城市规模大，经济发展程度比较高，因此对外来劳动力的吸纳能力也比较强。④山东和辽宁沿海地区。最近几年，山东和辽宁沿海地区因为海陆交通的便利，经济发展比较快，提供了大量的就业机会。⑤各省的省会城市。一般而言，省会城市规模大，经济发展都在本省占据重要地位，因而对外来劳动力的需求也比较大。⑥边境城市。随着边境贸易交易的日益频繁，这些地区经济也在不断发展，而这里往往条件比较艰苦，人口不多，劳动力不足，所以对外来劳动力也有一定的需求。

5. 了解就业信息

可以通过以下途径获得就业信息：①亲友介绍。②报纸上的招聘信息。③各类劳务市场。城市里往往有几处大的劳务市场，可以到那里去寻找工作机会。④职业介绍所。城市里的职业介绍机构很多，大多数都比较可靠，但是通过职业介绍所介绍工作往往成本比较高，介绍部门要从中收取一定的费用，这一点也是务工者应该加以权衡的。

6. 求职

求职时应注意：①不要急于求成。要和雇主多交谈，进行必要的了解。②要善于和敢于表达自己的要求和条件，也就是讨价还价。③不要忽略具体手续。很多务工者和雇主进行口头约定，出了问题，往往自己吃亏。一定要注意，在和对方谈好条件后一定要签订书面的劳务合同，办理有关手续，这样才能在必要的时候拿出有效证据维护自己的合法权益。④要敢于说不。如果到了工作地点以后，发现对方承诺的条件或者讲述的工作环境与实际不符合，要敢于拒绝对方的工作要求。

二、生活常识

(一)个人生活常识

1. 业余生活

要想生存得更好,就应该珍惜每一分钟,不断提高自己的社会竞争能力,全面提高自己的综合素质,而不应该把大量的业余时间消磨在打麻将、玩纸牌、逛街上。应该为自己定一个计划,使自己的业余生活更有意义。

(1)有一个切实可行的美好的人生计划。确定一下你的人生目标,确定之后再制定一个自我成长计划。可以按照计划逐步实施,不断向着目标前进。

(2)健康是一切的基础。应该在工作之余,坚持适合自己的锻炼和保证充足的休息。可以采取跑步、做操、器械活动等多种锻炼形式,同时应该保证每天不少于 8 小时的睡眠。

(3)具有随时学习和终身学习的意识。要想超越自己现在的生活,必须通过不断地学习来提高自身的综合素质。应该根据自己的计划和工作时间来选择合适的学习方式与方法。

(4)培养一两种爱好,并使自己从中获得持久的精神享受。

2. 克服紧张、焦虑情绪

城市人的生活节奏很快,竞争较激烈。初进城市的务工者难免出现紧张、焦虑的情绪,如果长期无法摆脱这种不良情绪,会导致抑郁症。

第一,对自己所面临的困难要有充分的思想准备。对其性质、内容、基本情况要有所了解,对可能出现的各种情况和后果要有充分的估计和预见。只有做到心中有数,遇事才能沉着不慌,应对自如。

第二,要对自己有所了解。正确判断自己是否具备应对困难的素质和能力，坚定自己的信心。

第三，保持良好的精神状态和身体状态。紧张、焦虑会使人吃不下，睡不着，惶惶不可终日，对身心健康危害极大。为防止这种现象的发生，应该在思想上不过分夸大当前事物与个人前途得失的关系，另外，要保持良好的身体状况，不要过度疲劳。大脑过度劳累会造成头昏耳鸣，兴奋与抑制过度失调，神经活动机能减退，加剧心理紧张程度。

第四，保持情绪稳定。过度紧张时，首先要树立信心，相信自己完全可以战胜困难。做深呼吸或默默数数，以此来转移注意力，稳定情绪。

3. 医疗健康

生病的时候，要注意以下几方面：

(1)“勿以病小而不医”。偶尔得了一场感冒，很多人认为这是一场小病，抗一抗就会好的。其实不然，小病不治，有可能引发大病。

(2)谨遵医嘱。有些人认为，吃的药越多，病好得越快。这种看法不对。医生是根据病的症状以及药性发挥的程度来开药的。过量吃药，不仅达不到及早治好病的目的，反而有可能带来副作用。

(3)不可病急乱投医。得了病，尤其是得了不易治好的病，有的人乱了方寸，到处找医生，甚至找江湖郎中或者巫医。这样做肯定是有害的，不仅治不好病，反而会因此延误病情，更难医治。无论如何都应该到有正式营业执照的医务所或到医院去治疗。

(4)治病不要怕花钱。在外地打工挣钱的确很不容易，有的民工家中还急需用钱。但如果因此而不愿花钱治病就不对了，因为不治好病就无法继续打工挣钱，甚至也无法回家务农。及时、有效地看病才是上策。

平时要注意阅读一些有关书籍，积累一些医疗常识。这样，在看病的时候就不会毫无主张，而是知道该如何去做。

4. 饮食营养

许多务工者从事的是重体力劳动，体力消耗比较大，因此要特别注意补充营养。

人体为了维持生命活动需要，从食物中摄取、吸收、利用营养物质。人体需要的营养素有蛋白质、脂肪、碳水化合物、维生素、矿物质和水。重体力劳动者要特别注意这些营养素的摄取。平时要注意摄取高蛋白质食物，如各种肉类、蛋类、豆类；丰富的碳水化合物，如五谷杂粮；增加蔬菜和水果的食用，注意水、无机盐和维生素的补充，特别要摄取较多的维生素 C、维生素 B_1、磷等，维持酸碱平衡。还应该注意摄取含甲硫氨酸丰富的食物，如奶酪、牛羊肉等。

早餐不宜只吃干食，应该吃些含水分多的食物，如牛奶、豆浆等饮料，搭配油条、面包或饼干。早餐不宜只吃鸡蛋。晚餐不宜多饮酒及饮食过饱；晚餐酣酒、暴食和吃高脂肪食物，容易诱发急性胰腺炎，造成夜晚睡眠时猝死。

吃饭时不宜吸烟。有些人有这样的习惯，吃饭、饮酒过程中停下来抽支烟，然后再继续吃喝，还有些人干脆边吃喝边抽烟。吸烟对健康的危害很大，边吃边抽害处更大，烟里的有毒物质会黏附在口腔和咽喉部，随食物一同进入胃肠，直接危害人体。此外，吸烟还能引起味觉失常，抑制消化腺分泌和降低消化道黏膜的抵抗力，时间久了，势必影响人的消化吸收功能，甚至引起胃肠疾患。边饮酒边抽烟更是要不得，因为酒精能溶解香烟中的有毒物质，包括致癌物质，这些有毒物质随着酒液进入身体可直接被肝脏吸收，危害更大。

5. 缓解疲劳

疲劳是机体正常的保护性反应，它提示我们要对自己的工作、学习或运动进行调整。

当疲劳袭来时，最简单的办法是放下工作去休息，提醒各位，千万不要疲劳作战，那样的结局往往是事倍功半，甚至酿成祸端，造成终身遗恨。

经常参加体育锻炼。注意休息和情绪乐观的人，抗疲劳的能力强，疲劳感消除得也快。

另外，食用抗疲劳食物也可以缓解工作疲劳，如比较流行的抗疲劳食物麦芽油，可增强机体的活动能力和耐力，还能使人的反应更灵敏。饮茶、喝咖啡也有一定的抗疲劳作用，水果、蔬菜含有较多的碱性物质，在运动或劳动强度较大时进食较多的水果、蔬菜，可中和体内的乳酸，降低血液和肌肉的酸度，增强机体的耐力。我国传统的强壮滋补药品，如人参、银耳、田七、灵芝、麦冬、五味子等，具有扶正固本、补气活血的作用，能改善神经系统的功能，加速疲劳的消除或缓解疲劳。

(二)社会常识

1. 交通规则

走路要走人行道，没有人行道的地方要靠边走；横穿马路要走人行横道、过街天桥、地下通道；过铁路要注意火车道口标志。

只有遵守交通规则，才能保障安全，因此应该了解交通信号和标志的意义。最普通的交通信号就是红绿黄灯，绿灯亮时，准许车辆、行人通行，但转弯的车辆不准妨碍直行的车辆和被放行的行人；黄灯亮时，不准车辆、行人通行，但已经越过停止线的车辆和已经进入人行横道的行人可以继续通行；红灯亮时，不准车辆、行人通行。简而言之就是“红灯停，绿灯行”。这里要强调的是：“宁停三分，勿抢一秒”，千万不能因为心急就闯红灯，这样很容易酿成交通事故。另外，还有一些交通标志要掌握，比如单向行驶、禁止通行、禁止转弯、禁止某些特殊交通工具通行等，都要留心识别，自觉按照这些标志的要求去做。

2. 交通工具有关规定

在飞机上能够随身携带的行李不能超过 20 kg，体积不能超过

20 cm×40 cm×50 cm，超过标准的要托运。火车可随身携带的物品，成人不能超过 20 kg，儿童不能超过 10 kg，所携带的物品长度和体积以不妨碍其他旅客正常乘坐和通行为标准，具体而言，就是行李架所能允许的长度和宽度，否则也要进行行李托运。汽车的行李要求宽松一些，但以不超过 1 人站立面积为标准，否则要买行李车票。各类交通工具都严禁携带危险品、国家限制运输物品、妨碍公共卫生的物品、动物以及会损坏或污染车辆的物品，如鞭炮、火药、有毒化学物质、刺激性气体等。

3. 常用求助电话号码

求助电话可以帮助你解决一些应急问题，这对于出门在外的人尤其重要。这些电话在任何公用电话上都可以拨打。

114——电话查号台。

110——报警电话，主要用于自己或他人遭遇各种犯罪行为侵害时的求助电话。

119——火警电话，主要用于发生火灾时的求助电话。

120——急救电话，用于疾病紧急发作，在可能危及生命时的求助电话。

115——国际人工长途挂号。

95113——国内人工长途挂号。

4. 防止劳务诈骗

劳务诈骗的手段层出不穷，花样繁多，千变万化，让人防不胜防。劳务诈骗与正规职业介绍的区别在于：劳务诈骗想方设法让你掏钱，正规职介分文押金不收。据专家介绍，劳务诈骗变着花样只为收钱，报名费、介绍费、存档费、服务费、入行费、服装费、暂住证费、食宿费、产品押金等，一般收取300～500 元，少的几十元，多的达到几千、上万元。目前发现主要有 6 种劳务诈骗形式，求职者须特别小心。

(1)联手诈骗。劳务诈骗机构与皮包公司、骗子公司联手，以推荐工作为名收取各种费用。两家或多家公司源源不断互相推荐求职者,他们或狼狈勾结或实为同一老板。

(2)引诱诈骗。把诈骗作为一门生意来经营。招聘时开出空头支票,口头承诺何时上班、月薪多少,引诱求职者上当,但根本没有想着去兑现。特别是打着招聘文员、财务、司机等的幌子,称只要交钱,都会被聘。招人进来以后却要求高价买下所谓的会员卡或者劣质的化妆品、补品、保健用品、小电器等产品,再由应聘者自行销售。应聘者根本完成不了定额,此时,他们再借故炒人,让求职者哑巴吃黄连,有苦说不出。屡屡被国家大力打击的传销就是这种形式的诈骗。

(3)游击诈骗。此类诈骗活动集中在车站、码头或外来务工人员流动量大的地段。他们租用酒店、招待所或写字楼,诱人上当后捞一把就走。其特点是花言巧语骗进来,骗取钱财后恶言恶语打出去。

(4)假证诈骗。用无效或假的营业执照、许可证来骗取求职者的信任,在近年来成为一个新的诈骗方式。据了解,有不少被工商局吊销的执照在市场上被用来进行诈骗。

(5)培训诈骗。一些非法培训机构,如有些美容美发店、桑拿按摩中心,以培训并安排工作为名,收取500～2 000元的培训费用,诈骗者或卷款潜逃,或借故不给安排工作。

(6)存钱诈骗。以月薪2万～3万元的高薪为诱饵,招聘俊男靓女,从事酒店男女公关、男女服务生工作。诱骗求职者先以押金、保证金等名义把钱存入指定的账户,之后通过银行卡把钱取走,逼迫求职者以酒店公关人员或服务生身份从事色情服务。

5. 劳动安全与劳动卫生

劳动安全是指在劳动过程中防止中毒、触电、机械损伤、车祸及高压、塌陷、爆炸、火灾等危及劳动者人身安全的事故发生。

劳动卫生是指为预防和消除职业病,创建符合生理要求的劳动条件所采取的一系列技术和组织措施，主要内容包括：①在生产流程中或操作规程中采取的卫生措施，如防止尘埃、消除噪声；②在生产或劳动场所周边环境采取的卫生措施；③各种职业病的检查和防治；④制订有利于劳动卫生的规章制度，实行既有利于生产又有利于职工身体健康的劳动工作时间。

6. 女工劳动安全卫生

《中华人民共和国劳动法》第七章对女职工的特殊保护做出了专门规定和要求，主要包括月经期保健、孕前保健、孕期保健、产后保健、哺乳期保健等，即在女职工完成人类自身再生产所必不可少的时期以及女性生理机能发生变化的时期，对女职工加以特殊保护。

在女职工月经期间，所在单位不得安排其从事高空、低温、冷水和国家规定的第三级体力劳动强度的劳动。

在女职工怀孕期间，所在单位不得安排其从事国家规定的第三级体力劳动强度的劳动和孕期禁忌从事的劳动，不得在正常劳动日以外延长劳动时间；对不能胜任原劳动的，应当根据医务部门的证明，予以减轻劳动量或者安排其他劳动。怀孕 7 个月以上(含 7 个月)的女职工，一般不得安排其从事夜班劳动，在劳动时间内应当安排一定的休息时间。怀孕的女职工，在劳动时间内进行产前检查，应当算作劳动时间。女职工产假为 90 天，其中产前休假 15 天。难产的，增加产假 15 天。多胞胎生育的，每多生育 1 个婴儿，增加产假 15 天。

第二节　法律常识

1. 我国法律规定的劳动者的权利和义务

根据《中华人民共和国劳动法》第二条，**劳动者享有 8 项权利**：①平等就业和选择职业的权利；②取得劳动报酬的权利；③休息、休假的权利;④获得劳动安全卫生保护的权利;⑤接受职业技能培训的权利;⑥享受社会保险和福利的权利;⑦提请劳动争议处理的权利;⑧法律规定的其他劳动权利,如依法参加和组织工会的权利,参加民主管理的权利,依法解除劳动合同的权利。

劳动者应履行5项义务:①完成劳动任务;②提高职业技能;③执行劳动安全卫生规程;④遵守劳动纪律;⑤讲究职业道德。

劳动者通过以下途径维护权利:第一是在不违背法律的前提下劳资双方协商解决;第二是请工会和劳动主管部门出面协调解决;第三是申请劳动仲裁;第四是提起法律诉讼。

2. 了解用人单位的合法性

所谓合法单位,就是在工商局注册过,具有独立法人资格的工厂、医院、公司、个体企业等各种所有制企业,或者是受法律保护的具有自有财产、独立组织机构,能够以自己名义进行民事活动,享受权利、承担义务的组织比如各级、各类政府、学校。不具备这些条件的单位往往是非法的,千万别去给他打工,否则就是在帮助他违法,自己的权益不仅得不到保护,如果他真的从事了违法活动,你如果被利用,可能还要承担连带责任。所以,要提醒进城务工者的是,在签订合同之前,要到用工单位了解单位的合法性,看看营业执照的经营范围、营业证编号,然后到用工单位所在地工商局核对,各工商局都有公开查询业务,经核对无误后,再和用工单位签订合同。

3. 劳动合同

劳动合同是老板和务工者在平等协商基础上,明确双方权利、责任、义务的协议,具有法律约束力。劳动合同一旦成立,务工者就必须承担工作,遵守用人单位的劳动纪律和各种规章制度,老板则必须提供相应的劳动条件和报酬。

签订劳动合同具体要求和步骤是:

(1)双方当事人必须具备合法资格。作为雇用方,应是依法成立的企事业单位、国家机关、社会团体和个体经营户等单位。作为务工者必须具有劳动权利能力和劳动行为能力，必须具备的条件是：年满16周岁，身体健康，具有一定文化程度，现实表现好。

(2)劳动合同内容合法。劳动合同的内容，首先必须具有《中华人民共和国劳动法》规定的必备条款。这些必备条款是劳动合同期限、工作内容、劳动保护和劳动条件、劳动报酬、劳动纪律、劳动合同终止的条件、违反劳动合同的责任等。除这些必备条款外，双方当事人还可协商约定其他条款，如工作地点、试用期、雇工居住条件等。

(3)签订劳动合同的形式和程序必须合法。劳动合同应当以书面形式签订，不能以口头协议代替。没有书面合同的劳动争议，仲裁机关将不予受理。

如果务工者与雇用方产生了劳动争议，应在权利被侵害之日起6个月内向仲裁委员会申请仲裁(其办事机构设在劳动局内)，对仲裁不服的可以向人民法院起诉。

这里要强调的是，现实中存在2种不良倾向：一是务工者忽视书面劳动合同的签订，往往是口头协议，这样不利于务工者自身权益的保护；二是雇用方往往在合同中过分强调自己的利益，忽视对务工者利益的保护，使合同有失公平。这两种情况都是应该避免的。

4. 工资

《中华人民共和国劳动法》第五十条规定：工资应当以货币形式按月支付给劳动者本人。不得克扣或者无故拖欠劳动者的工资。

第九十一条规定：用人单位有下列侵害劳动者合法权益情形之一的，由劳动行政部门责令支付劳动者的工资报酬、经济补偿，并可以责令支付赔偿金：①克扣或者无故拖欠劳动者工资的；②拒不支付劳动者延长工作时间工资报酬的；③低于当地最低工资标准支付劳动者工资的；④解除劳动合同后，未依照本法规定给予劳动者经济补偿的。

《〈中华人民共和国劳动法〉行政处罚办法》还规定，用人单位有克扣或者无故拖欠劳动者工资等问题的，劳动行政部门要责令其支付劳动者的工资报酬、经济补偿，并可责令按相当于支付劳动者工资报酬、经济补偿总和的1～5倍支付劳动者赔偿金。

5. 试用期

试用期是指用人单位和劳动者为相互了解、选择而约定的不超过6个月的考察期。依据劳动部发[1995]309号文件第五十七条的规定，劳动者与用人单位形成或建立劳动关系后，试用、见习期间，在法定工作时间内提供了正常劳动，其所在的用人单位应当支付其不低于最低工资标准的工资。

根据《中华人民共和国劳动法》第二十三条的规定，在下述2种情况下劳动合同可以终止：①劳动合同期限届满；②当事人双方约定的劳动合同终止条件出现。有的老板为了节省工资费用，采取试用期满就辞退的办法，这是违背《中华人民共和国劳动法》精神的。如果务工者没有任何过失或者合同约定的终止条件没有出现，务工者有继续工作的权利，如果老板强行辞退，可以诉诸法律，保护自己的权益。

6. 法律援助

法律援助机构是负责组织、指导、协调、监督及实施本地区法律援助工作的机构，统称“法律援助中心”，各省、市及各区、县均应设立法律援助机构。暂未设立法律援助中心的区、县，由各区、县司法局指定职能部门代行法律援助中心职责，必要时应到这些地方寻求法律援助。

法律援助主要采取以下形式：①刑事辩护和刑事代理；②民事、行政诉讼代理；③非诉讼法律事务代理；④公证证明。

第三节 礼貌道德

一、文明礼貌常识

文明礼貌是一个人的基本素质，每个人都应当具备一些文明礼貌基本常识。

(1)做客：时间要选择在主人方便的时候。进门之前先敲门。主人有事，应速退去。室中珍贵之物，未经允许，不要随意触动。未请坐，不可坐下。坐应讲究坐姿，注意适当和自然。初访不宜久坐。平时不相识者应预约，经对方同意方可前往，不可贸然造访。

(2)待客：有客敲门，应回答“请进”或到门口相迎。客人进来，应起立热情迎接。敬茶须用双手端送，放在客人右边。应给家人介绍客人。客人坚持要回去，不要勉强挽留。送客应送到大门外，走在客人后面。分手告别时，应招呼“再见”或“慢走”。

(3)握手：握手一定要用右手。切忌戴着手套和人握手。男女之间握手，一般情况下，应等女方先伸手后男方再伸手。

(4)交谈：交谈时不用口头禅，注意谈吐文明，措辞文雅，不打断对方谈话，不轻易在他人谈话时插嘴。交谈时勿打哈欠，勿抓耳挠腮、搔首弄姿，勿持冷漠态度，如斜视、看书、看报等，应以真诚、坦率的目光注视对方的面部，但也切忌肆无忌惮地盯视对方。对于生客，不要贸然问人家工资多少；对女性客人，不要贸然问她的年龄和地址。抽烟时不要朝着别人的脸擦火柴、吐烟雾，咳嗽、打喷嚏时，最好先用手帕捂住嘴，不要朝向他人。

二、仪容卫生常识

女性应端庄、自然、淡雅，最好不要浓妆艳抹，珠光宝气。头发要适时梳理，保持清洁整齐，发型要朴素大方。

要注意面部清洁，女士可适当化妆，以淡妆为宜，浓妆容易给人娇艳、轻佻、华而不实的感觉。化妆时还要避免使用气味浓烈的化妆品。

指甲要经常修剪，不留长指甲，也不涂有颜色的指甲油。

佩带金银首饰要有限制，一般宜戴一枚戒指（戴在无名指上表示已婚，戴在中指上表示正谈恋爱），其余手指不宜佩戴。

每天要把皮鞋擦净、擦亮。皮鞋最好选用平跟或低坡跟、无鞋带、无响钉的。穿布鞋也要保持洁净。鞋子如有破损应及时修理。

袜子应穿与肤色相近的，袜口应不露在裤子与裙子外边，袜子应无破损。

个人卫生方面要做到勤洗澡，勤换衣袜，勤漱口。身上不能有异味。上班前不饮酒，忌吃大蒜、韭菜等有刺激性气味的食物。

三、职业道德

1. 社会公德

社会公德主要包括：①**文明礼貌**。社会生活中人与人之间应该和谐共处，举止文明，以礼相待。这是为人处世最起码的要求。②**助人为乐**。助人为乐、见义勇为是社会生活中人们相互关系最基本的行为规范。③**爱护公物**。就是爱护公共财物，比如公共汽车的座位、果皮箱、下水管道等。④**保护环境**。保持环境的整洁、舒适，就是保证大家的身体健康，这体现了一个民族的文明程度和精神面貌。⑤**遵纪守法**。自觉遵守法律和各种规章制度是社会公德的基本要求，只有这样才能保证社会每个成员共同利益的实现。

2. 职业道德

职业道德是人们在从事职业活动过程中所遵守的行为规范的总和。良好的职业道德有利于人们养成良好的道德习惯，有利于促进社会生活的稳定发展。

务工者首先应该遵循职业道德的基本规范：①**爱岗敬业**。喜欢自己的工作,勤恳工作,成为工作上的行家里手。**②诚实守信。**不欺骗别人,讲求工作质量,信守诺言。**③办事公道。**处理事情从客观、公正的角度出发,不掺杂自身利益,不徇私舞弊。**④服务意识强。**态度要热情周到,尽力满足服务对象的愿望和要求。**⑤奉献社会。**把社会利益和公众利益放在首位,不危害别人的利益,尽自己的能力为社会做贡献。

建筑行业职业道德是建筑系统工作人员在生产、施工实践中所应遵循的基本行为规范,是建筑工人、工程设计人员及其指挥人员的行为准则。建筑行业是社会主义现代化建设中的一个十分重要的行业。工厂、住宅、学校、商店、医院、体育场馆、文化娱乐设施等等的建设,都离不开建筑行为。它以满足人民群众日益增长的物质文化生活需要为出发点。建筑行业道德是社会主义职业道德之一,是社会主义道德、共产主义道德规范在建筑行业的具体体现。职业道德是企业生存的需要。一个企业的信誉,也就是它们的形象、信用和声誉,是指企业及其产品与服务在社会公众中的信任程度,提高企业的信誉主要靠产品的质量和服务质量,而从业人员职业道德水平高是产品质量和服务质量的有效保证。在国际建筑市场中,职业道德不仅是业主对承包企业的要求,也是承包企业在国际建筑市场上立足的条件,承包企业若没有应有的职业道德,那么业主还敢信任你,把项目承包给你吗?因此从这个角度上讲良好的职业道德是企业生存的需要。

职业道德要求的主要内容是:①热爱社会主义祖国、热爱人民,树立全心全意为人民服务的思想。一切建筑工程的设计、施工,都必须从广大人民群众的根本利益出发,既要立足于发展生产、美化环境,改善人民生活,又不能脱离国情。②严格按照精心设计的图纸和设计要求科学组织施工,确保工程质量。“百年大计,质量第一”,一切都要向人民负责,向用户负责。施工中在原材料使用和设备安装上,不以次充好,不偷工减料。③热爱劳动,不怕吃苦，注意节约，不浪费原材料，以主人翁的态度做好自己负责的工作。④严格遵守劳动纪律，维护生产秩序，做到文明施工，安全施工，保持施工场地的整洁。⑤廉洁奉公，遵纪守法，忠诚老实，讲究信誉。在工作中不以权谋私，不行贿、受贿、索贿。正确处理个人利益、集体利益与国家利益的关系。⑥工程技术人员和工人，以及工人之间要团结友爱，互相学习，取长补短。⑦努力学习科学文化知识，刻苦钻研生产和施工技术，不断提高业务能力，讲究工作效率。

3. 敬业精神

不管做什么工作都应爱岗敬业，这是最基本的职业道德。应从以下几方面做起：①从小事做起，严格遵守行为规范，自觉养成良好习惯。②增强职业意识，深化职业角色，遵守职业规范，重视工作技能培养，努力提高自己的职业修养。③通过具体复杂的工作，培养自己的职业情感，做到学、做结合，知、行统一。④经常反省自己的工作，学习自己周围的榜样。⑤把职业道德的修养和知识贯彻到自己的工作中，用以指导自己的日常工作。

4. 从业原则

最重要的是**踏实勤劳**，这不仅是做人的原则，更是从业的原则。试想，有谁会长期雇用一个拈轻怕重的务工者呢？

积极工作是非常必要的。工作中要善于动脑子，想办法，看怎样能在最短的时间内、花费最少的精力把工作做得最好。

不要感情用事。打工过程中很可能出现这样或那样的问题，老板或者工友也可能对你提出批评，这些批评有正确的，当然也有片面的，不能因为这些批评而赌气、闹情绪，甚至消极怠工。当然，也不能因为受到表扬就飘飘然，目中无人。无论哪种情况，对你的处境都不会有什么好处，所以一定要保持平稳的工作情绪，不要感情用事。

善于和大家合作、共事。这里不仅仅包括工作上的合作，也包括生活上的合作。工作上不要斤斤计较,不要怕多干,老板心里有本账,少干说不定吃亏在后面。另外在工作中要多为别人想一想,多帮助别人,大家都能这样做,当你遇到难题时,别人当然也会帮助你。生活中也是这样,常言说“远亲不如近邻”,都是打工的,出门在外大家在生活上要互相照应,只有这样,才能既挣到钱,又交到朋友,为自己创造一个和谐、快乐的工作环境。

思考题

1.外出打工应准备哪些证件?

2.如何了解就业信息?求职时应注意哪些事项?

3.交通规则有哪些基本内容?

4.如何防止劳务诈骗?

5.劳动安全和卫生有哪些基本规定?

6.我国法律规定了劳动者的哪些权利和义务?

7.如何签订劳动合同?

8.我国法律有关试用期和最低工资是如何规定的?

9.务工人员应遵守哪些基本的社会公德?

10.务工人员应具备哪些基本职业道德?遵守哪些基本从业原则?

第二章　建筑识图与房屋构造

第一节　建筑识图的基本知识

一、投影及投影分类

在日常生活中，我们经常看到影子这个自然现象。在光线（阳光或灯光）的照射下，物体就会在地面或墙面上投下影子。这些影子在某种程度上能够显示物体的形状和大小。如图 2-1a 为物体模型在正午的阳光照射下在地面留下的影子，人们对这种自然现象的影子，进行科学的抽象：假设光线能够透过形体而将形体上的点和线都在平面 H 上投落它们的影，这些点和线的影将组成一个能够反映出形体形状的图形，如图 2-1b 所示，这个图形通常称为形体的投影。

这种对物体进行投影在投影面上产生图像的方法称为投影法。工程上常用各种投影法来绘制图样。

二、工程上常用的 3 种图示法

用图示法表达建筑形体时，由于表达目的和被表达对象特性的不同，往往需要采用不同的图示方法。常用的图示法有透视投影法、轴测投影法、正投影法。

1. 透视投影

图 2-2 是按中心投影法画出的形体的透视投影图，简称透视图。透视图与照相原理相似，相当于将相机放在投影中心所拍的

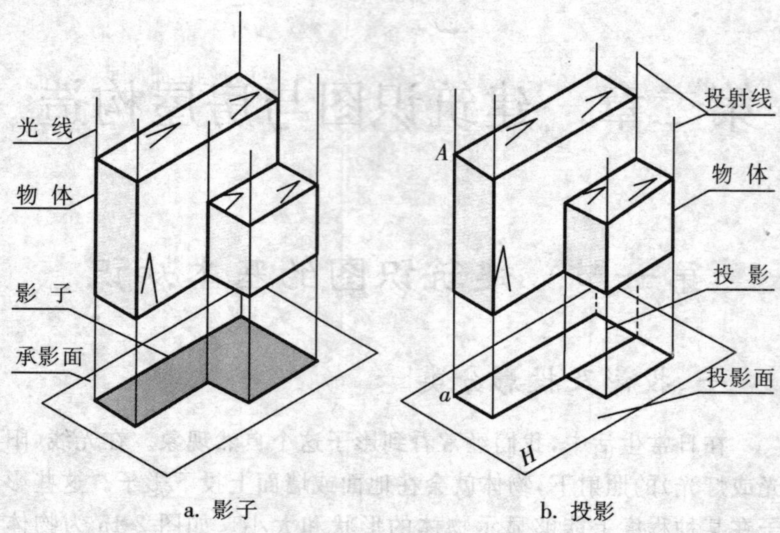

图 2-1 影子与投影

照片一样，显得十分逼真，直观性很强，其图样常用作建筑设计方案比较、展览。但绘制较繁，且建筑物各部分的确切形状和大小不能直接在图中度量。

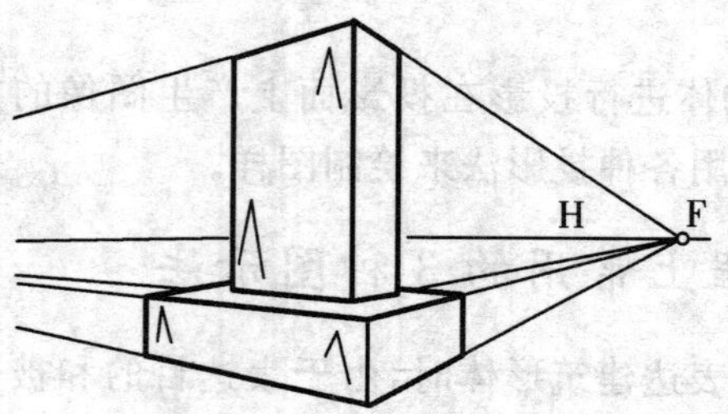

图 2-2 形体的透视投影图

2. 轴测投影

轴测投影是一种平行投影，它是把形体按平行投影法并选择适宜的方向投影到 1 个投影面上，能在 1 个投影面上反映出形体的长、宽、高3个尺寸，具有一定的立体感，但也不能完整地表达物体的形状，只能作为工程辅助图样，图2-3为形体的轴测投影图。

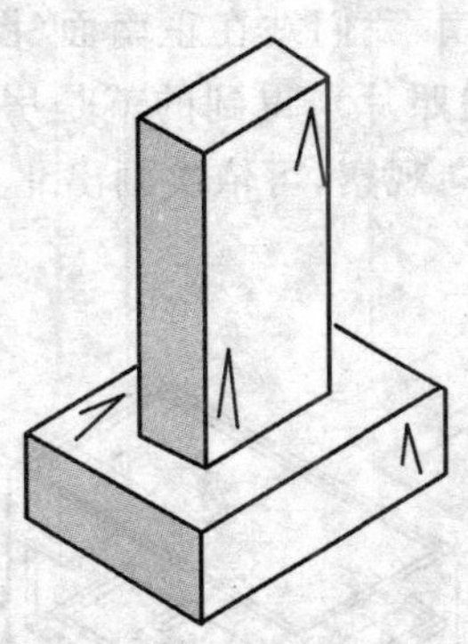

图2-3　形体的轴测投影图

3. 正投影

投射线彼此平行，投射线与投影面互相垂直的画法称为正投影法，用这种方法画出的图形称为正投影。图2-4所示为形体的正投影图。正投影图的优点是作图较其他图示法简便，又便于度量、度量性好，工程上应用最广，但它缺乏立体感，需经过一定的训练才能看懂。

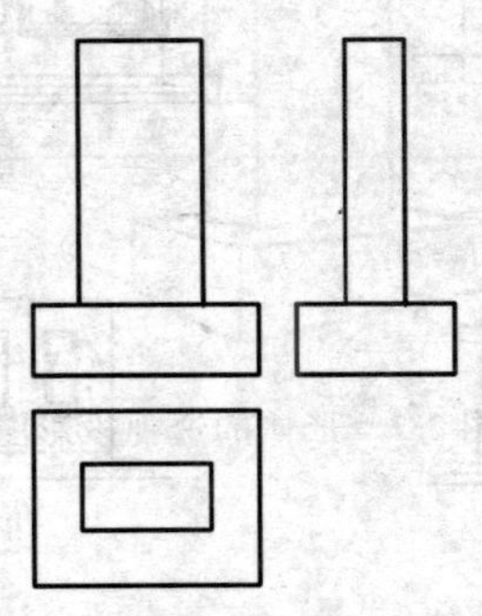

图2-4　形体的正投影图

三、立面图

一幢房子坐北朝南，我们站在正南面(图 2-5)，把看到的房子的形状画下来(好比拍照片)，得到的就是房子的南立面图。再分别从北、东、西 3 个方向观察，可依次画出北立面、东立面和西立面图(图 2-6)。

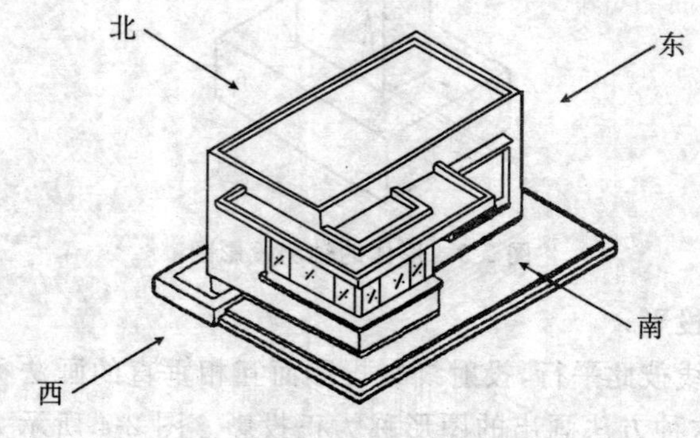

图 2-5 画立面图的观察方向

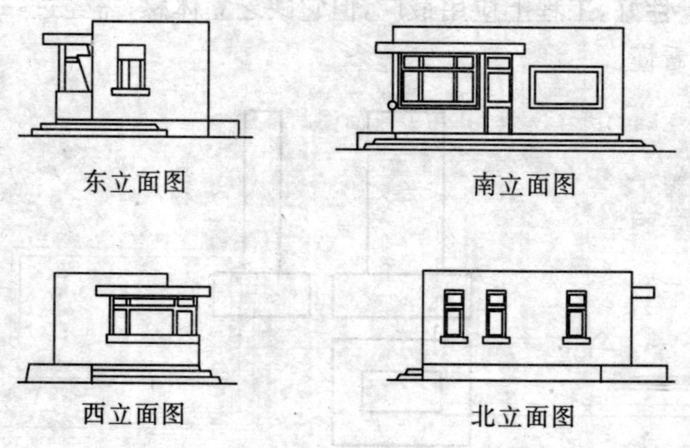

图 2-6 立面图

四、平面图

为了看清房屋内部的一些情况，设想用一个水平的平面，沿窗台上方将房屋剖开（图 2-7），移去上面的这部分，再把从上往下看到的形状画下来就是剖面图，但在建筑图中，习惯把这种**水平方向的剖面图称为平面图**（图 2-8）。如果从房子的上方往下看，画下的是屋顶平面图（图 2-9）。

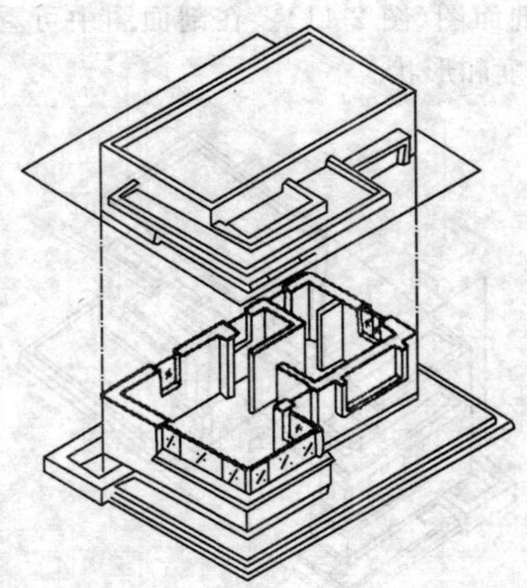

图 2-7　平面图的形成

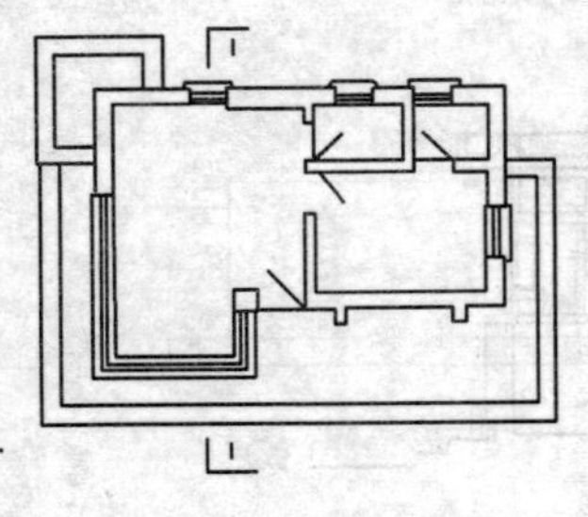

图 2-8　平面图

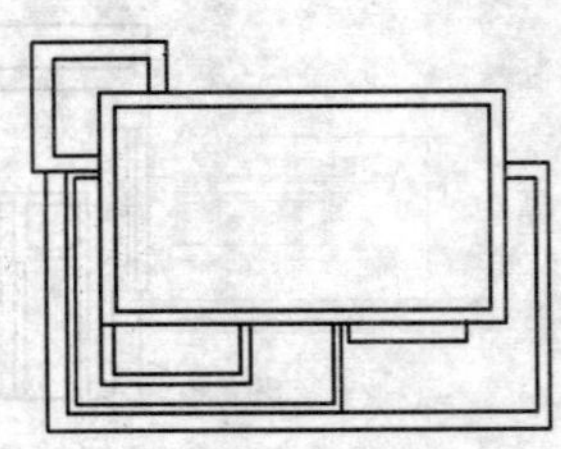

图 2-9　屋顶平面图

从平面图中可看到房屋内部房间的分隔、各房间的形状和大小，房间门窗的数量、位置和大小，墙身的厚度及内部设施的位置等。

五、剖面图

假想用一竖向剖切面在图 2-8 平面图中 1-1 所示位置将房屋切开，移去房屋的左部分（图 2-10），再从左往右观察，把看到的情况画下来就是剖面图（图 2-11）。在剖面图中可看出屋顶、雨篷、门窗、台阶的高度和形状。

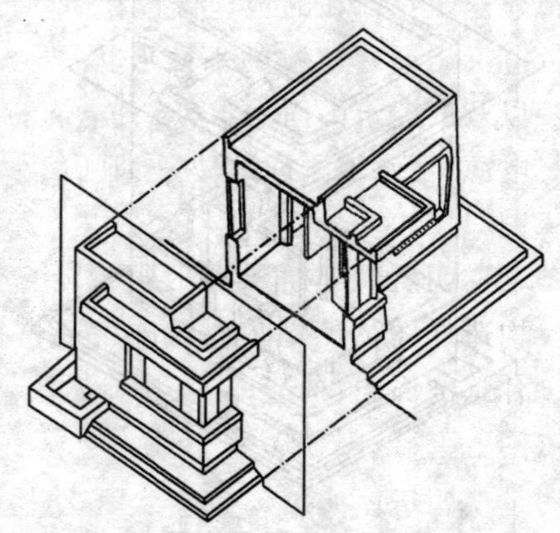

图 2-10 剖面图的形成

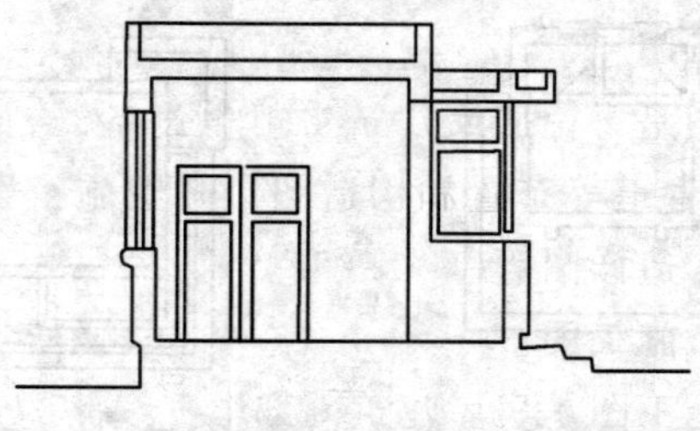

图 2-11 剖面图

第二节　常用图例

施工图就是在建筑工程中一种能十分准确地表达出建筑物的外形轮廓、大小尺寸、结构构造和材料做法的图样。一套完整的施工图包括建筑、结构、水电、暖通等。

一、施工图的内容

1. 建筑总平面图

主要说明拟建建筑物所在的地理位置和周围环境的平面布置图。一般在图上应标出新建筑物的平面形状、层数、绝对标高，建筑物周围的地貌以及旧建筑平面形状，新旧建筑的相对位置，建成后的道路、水源、电源、下水道干线的位置、地形等高线等。

2. 建筑施工图

建筑施工图是说明房屋建筑各层平面布置、立面、剖面形式、建筑各部构造及构造详图的图纸。建筑施工图包括设计说明、各层平面图、各立面图、剖面图、构造详图、材料做法说明等。

3. 结构施工图

结构施工图是说明房屋的结构构造类型、结构平面布置、构件尺寸、材料和施工要求等。结构施工图包括基础平面图和基础详图、各层结构平面布置图、结构构造详图、构件图等。

4. 暖卫施工图

暖卫施工图是一栋房屋建筑中卫生设备、给排水管道、暖气、煤气管道、通风管道等布置和构造图。暖卫施工图主要有平面布置图、轴测图、构造详图等。

5. 电气设备施工图

电气设备施工图是房屋建筑内部电气线路的走向和电气设备的施工图纸，它有平面布置图、系统图、详图等。

二、常用图例

施工图的画法主要是根据正投影原理和建筑制图标准(GB/T 50104—2001)以及建筑、结构、水电、设备等设计规范中有关规定而绘制成的。施工图中采用了很多图例与符号,使各类构造和材料的绘制得到了简化,熟悉常用建筑材料图例及常用构件代号,对正确、快速地识图非常有益,我们应很好地熟悉与掌握。

表 2-1 为常用建筑材料图例。

表 2-1 常用建筑材料图例

序号	名称	图例	备注
1	自然土壤		包括各种自然土壤
2	夯实土壤		
3	砂、灰土		靠近轮廓线绘较密的点
4	沙砾石、碎砖三合土		
5	石材		
6	毛石		
7	普通砖		包括实心砖、多孔砖、砌块等砌体。断面较窄不易绘出图例线时,可涂红
8	耐火砖		包括耐酸砖等砌体
9	空心砖		指非承重砖砌体
10	饰面砖		包括铺地砖、马赛克、陶瓷锦砖、人造大理石等
11	焦渣、矿渣		包括与水泥、石灰等混合而成的材料

续表 2-1

序号	名称	图例	备注
12	混凝土	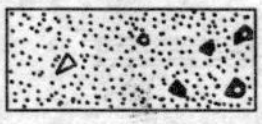	1. 本图例指能承重的混凝土及钢筋混凝土 2. 包括各种强度等级、骨料、添加剂的混凝土 3. 在剖面图上画出钢筋时，不画图例线 4. 断面图形小，不易画出图例线时，可涂黑
13	钢筋混凝土	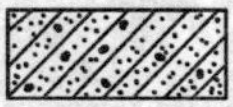	
14	多孔材料		包括水泥珍珠岩、沥青珍珠岩、泡沫混凝土、非承重加气混凝土、软土、蛭石制品等
15	纤维材料	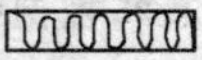	包括矿棉、岩棉、玻璃棉、麻丝、木丝板、纤维板等
16	泡沫塑料材料	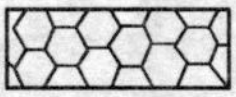	包括聚苯乙烯、聚乙烯、聚氨酯等多孔聚合物类材料
17	木材		1. 上图为横断面，上左图为垫木、木砖或木龙骨 2. 下图为纵断面
18	胶合板		应注明为几层胶合板
19	石膏板		包括圆孔、方孔石膏板、防水石膏板等
20	金属		1. 包括各种金属 2. 图形小时，可涂黑
21	网状材料		1. 包括金属、塑料网状材料 2. 应注明具体材料名称
22	液体		应注明具体液体名称

续表 2-1

序号	名称	图例	备注
23	玻璃		包括平板玻璃、磨砂玻璃、夹丝玻璃、钢化玻璃、中空玻璃、加层玻璃、镀膜玻璃等
24	橡胶		
25	塑料		包括各种软、硬塑料及有机玻璃等
26	防水材料		构造层次多或比例大时，采用上面图例
27	粉刷		本图例采用较稀的点

注：序号 1，2，5，7，8，13，14，20，24，25 图例中的斜线、短斜线、交叉斜线等一律为 45°。

表 2-2 为总平面图图例。

表 2-2 总平面图图例

序号	名称	图例	备注
1	新建建筑物		1. 需要时，可用▲表示出入口，可在图形内右上角用点数或数字表示层数 2. 建筑物外形（一般以±0.000 高度处的外墙定位轴线或外墙面线为准）用粗实线表示。需要时，地面以上，建筑用中粗实线表示，地面以下建筑用细虚线表示
2	原有建筑物		用细实线表示
3	计划扩建的预留地或建筑物		用中粗虚线表示

续表 2-2

序号	名称	图例	备注
4	拆除的建筑物	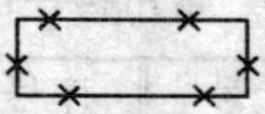	用细实线表示
5	建筑物下面的通道	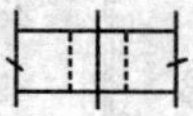	
6	散状材料露天堆场	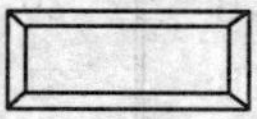	
7	其他材料露天堆场或露天作业场	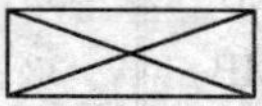	需要时可注明材料名称
8	铺砌场地	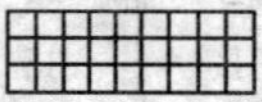	
9	敞棚或敞廊	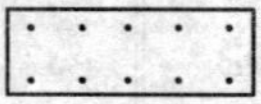	
10	高架式料仓	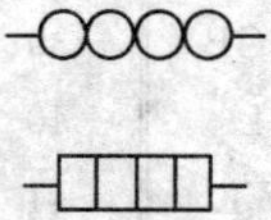	
11	漏斗式贮仓		左、右图为底卸式，中图为侧卸式
12	冷却塔(池)	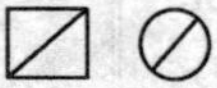	应注明冷却塔或冷却池
13	水塔、贮罐	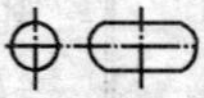	左图为水塔或立式贮罐，右图为卧式贮罐
14	水池、坑槽		也可以不涂黑
15	斜井或平洞	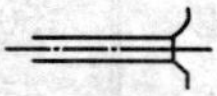	
16	烟囱		实线为烟囱下部直径，虚线为基础，必要时可注明烟囱高度和上、下口直径

表 2-3 为常用构件代号。

表 2-3 常用构件代号

序号	名称	代号	序号	名称	代号
1	板	B	28	屋架	WJ
2	屋面板	WB	29	托架	TJ
3	空心板	KB	30	天窗架	CJ
4	槽形板	CB	31	框架	KJ
5	折板	ZB	32	刚架	GJ
6	密肋板	MB	33	支架	ZJ
7	楼梯板	TB	34	柱	Z
8	盖板或沟盖板	GB	35	框架柱	KZ
9	挡雨板或檐口板	YB	36	构造柱	GZ
10	吊车安全走道板	DB	37	承台	CT
11	墙板	QB	38	设备基础	SJ
12	天沟板	TGB	39	桩	ZH
13	梁	L	40	挡土墙	DQ
14	屋面梁	WL	41	地沟	DG
15	吊车梁	DL	42	柱间支撑	ZC
16	单轨吊车梁	DDL	43	垂直支撑	CC
17	轨道连接	GDL	44	水平支撑	SC
18	车挡	CD	45	梯	T
19	圈梁	QL	46	雨棚	YP
20	过梁	GL	47	阳台	YT
21	连系梁	LL	48	梁垫	LD
22	基础梁	JL	49	预埋件	M
23	楼梯梁	TL	50	天窗端壁	TD
24	框架梁	KL	51	钢筋网	W
25	框支梁	KZL	52	钢筋骨架	G
26	屋面框架梁	WKL	53	基础	J
27	檩条	LT	54	暗柱	AZ

表 2-4 为钢筋图例。

表 2-4　钢筋图例

序号	名称	图例	序号	名称	图例
1	无弯钩的钢筋端部	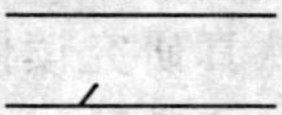	5	无弯钩的钢筋搭接	
2	带半圆形弯钩的钢筋端部		6	搭接带半圆弯钩的钢筋	
3	带直钩的钢筋端部		7	带直钩的钢筋搭接	
4	带丝扣的钢筋端部		8	套管接头（花篮螺丝）	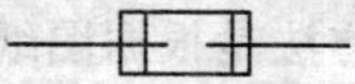

表 2-5 为各种钢筋的符号。

表 2-5　钢筋符号

钢筋	种类	符号
热轧钢筋	HPB235	Φ
	HRB335	
	HRB400	
	RRB400	
钢绞线	1×3，1×7	Φ^S
消除应力钢丝	光　面	Φ^P
	螺旋肋	Φ^H
	刻　痕	Φ^I
热处理钢筋	40 Si_2Mn，48 Si_2Mn，45 Si_2Cr	Φ^{HT}

第三节　施工图的识读

1. 读图的方法

当我们拿到一套施工图，必须认真研究读图的方法，一般是：先粗后细，从大到小，建筑结构，相互对照。

同时，看图还必须掌握扎实的基本功，即掌握正投影的原理，熟悉构造知识和施工方法，了解结构的基本概念，才能正确读图。

2. 读图的步骤

(1)清理图纸：当我们拿到一套图后，首先是认真清理图纸，其方法是根据图纸目录清查总共多少张，各类图纸分别为多少张，有无残缺或模糊不清的，应及时查明原因补齐图纸。应及时配齐涉及本工程的标准构件图和配件图，供看图时查阅。

(2)粗看一遍：认真清理图纸后，可先粗略地看一遍，一般按图纸目录的先后次序依次进行阅读，其目的是对本工程建立一个基本概念，了解工程的概况。本工程修建地点，建筑物周围地形，地貌和相互关系，建筑形式，建筑面积，层数，结构情况，建筑的主要特点和关键部位等，应在思想上建立一般工程的基本形象。

(3)对照阅读：当对本工程已有基本了解之后，可以进行深入细致的阅读，一般是先看建筑施工图，然后是结构施工图，再看水、电、暖通等施工图纸。阅读中特别注意对照阅读，找出规律，如平面图与立面图，平面图与剖面图对照起来，整体和详图对照起来，图形和文字说明对照起来，建筑和结构对照起来等。只有通过反复对照比较，才能深入找出问题和矛盾，以及还不理解的方面。看图中还应记忆重要的构造和尺寸，如开间、进深、轴线、层高等，看图中还可多与有关技术人员研究和分析。

(4)随看随记：在读图的整个过程中，应认真做好记录，也可用铅笔在图上打上记号，以便汇总。

3. 阅读建筑施工图的方法

● 看图名、比例、指北针和轴线编号。

● 看外型、内部构造和结构形式，明确散水、雨水管、门窗、屋檐、台阶、阳台、烟囱等的形状及位置。

● 看平面尺寸、标高及坡度。

● 看剖切符号，明确剖切位置、形式。

● 看索引符号。

4. 阅读结构施工图的方法

● 首先要查看说明、施工要求等。

● 了解各种构件的代号及表示方法。

● 查对楼层结构平面布置图与建筑平面图的关系是否正确，表示是否一致。

● 看楼板的种类、型号、块数、梁的型号、位置及数量。

● 查看板与墙的关系。

● 查看各断面剖切位置与各断面图是否相符。

第四节　房屋构造

一、建筑物

建筑物是指供人们生活、学习、工作、居住以及从事生产和文化活动的房屋。建筑物按用途可分为工业建筑、民用建筑。

工业建筑　是指工业厂房、生产及辅助车间、产品仓库等（图2-12）。

民用建筑　包括居住建筑（住宅、宿舍、公寓等）和公共建筑（办公楼、学校、旅社、影剧院、医院、体育馆、商场等）（图 2-13），是供人们进行政治、经济、文化、科学技术交流活动等使用的建筑物。

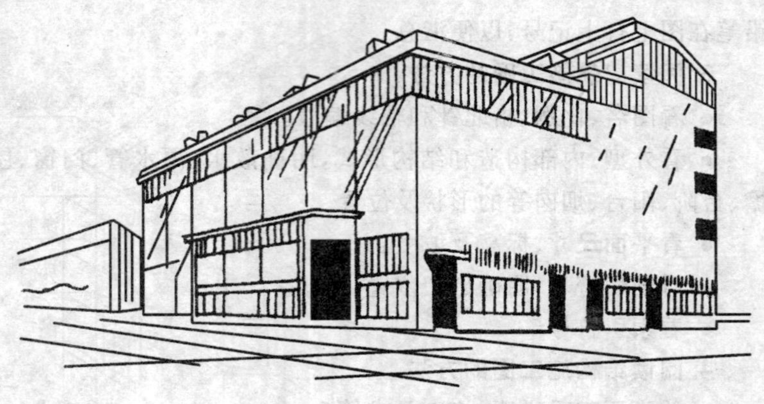

图 2-12 工业建筑

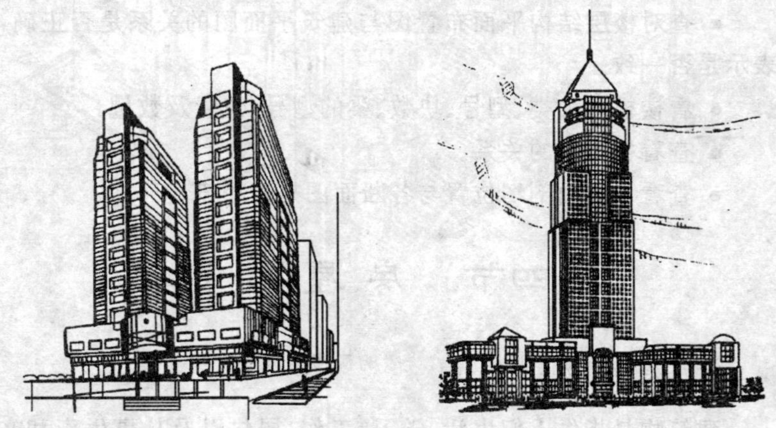

图 2-13 民用建筑

二、民用建筑构造

各种民用建筑，尽管它们在使用要求、规模大小、外表形状、构造方式等方面分别有着各自的特点，但建筑物的构成一般都是由**基础、墙(或柱、梁)、楼(地)面、楼梯、屋顶和门窗** 6 部分组成(图 2-14)。

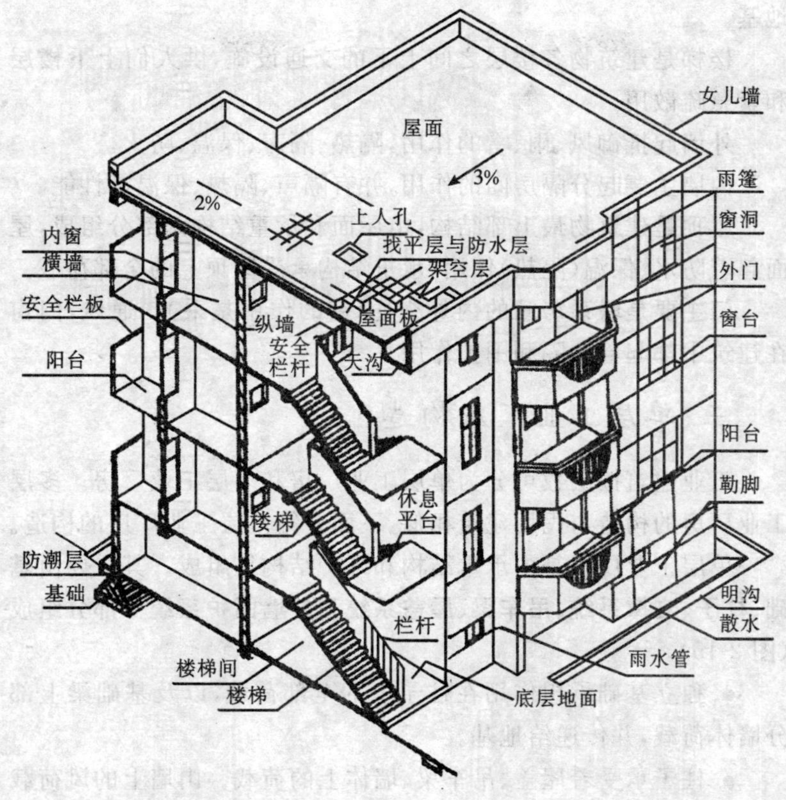

图 2-14　房屋的构造组成

基础是建筑物的最下面部分，埋在自然地面以下，起着支撑建筑物的作用。建筑物的全部荷载传递给地基，因此要求地基坚固、稳定、持久。

楼板层将建筑物分隔成若干层，并且除了将楼板上的各种荷载传达到墙上或梁上外，还对墙体起水平支撑作用。楼板应具有足够的强度、刚度和良好的隔热性能。

地面位于建筑物的底层，它直接将底层房间的荷载传递到地基。

楼梯是建筑物各楼层之间上下的交通设施,供人们上下楼层和紧急疏散用。

外墙起抵御风、雨、雪的作用,隔热、隔声、保温、防火。

内墙主要起分隔房间的作用,并有隔声、隔热、保温等性能。

屋顶是建筑物最上部结构,由屋面和承重结构两部分组成,屋面起着防水、保温(隔热)作用,承重结构承受屋顶上的全部荷载。

门主要是联系房间的内外交通,窗的作用是采光、通风,门窗在建筑中都起着分隔和围护作用。

三、单层工业厂房构造

工业建筑按层数可分为单层工业厂房和多层工业厂房。多层工业厂房的构造与民用建筑相似,下面介绍单层工业厂房的构造。

单层工业厂房是由承重结构和维护结构等组成。其主要由**基础、柱子、支撑系统、吊车梁、屋盖系统**和**外墙围护系统** 6 部分组成(图 2-15)。

- 独立基础承担作用在柱子上的全部荷载,以及基础梁上部分墙体荷载,并传递给地基。
- 柱子承受着屋盖、吊车梁、墙体上的荷载。山墙上的风荷载通过抗风柱的顶端传给屋架,再由屋架分别传给柱子。
- 支撑系统包括柱间支撑和屋架支撑两部分,其作用是加强厂房结构的整体刚度和稳定。
- 吊车梁安放在柱子伸出的牛腿上,它承受吊车自重、起吊重量以及吊车刹车时产生的纵横向水平冲力,并将这些荷载传给柱子。
- 屋盖结构包括屋面板、屋架(或屋面梁)及天窗架、托架等。屋架是屋盖结构中主要承重构件,它搁置在柱子上。
- 外墙围护系统包括厂房四周的外墙、抗风柱、墙梁和基础梁。

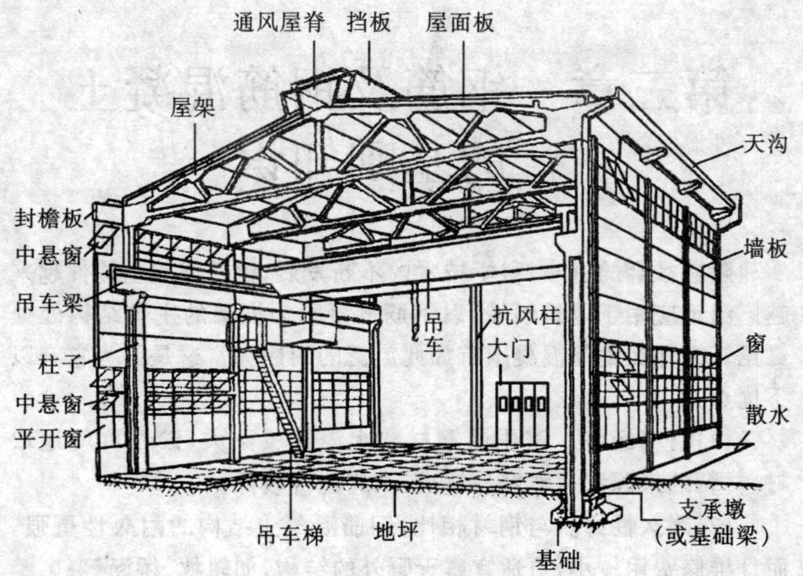

图 2-15　单层工业厂房

思考题

1. 什么是工程上常用的三种图示法?
2. 什么叫平面图?简述平面图的形成原理。
3. 如何阅读建筑施工图?读图的步骤和方法有哪些?
4. 施工图的内容有哪些?
5. 简述一般民用建筑的构造,说出基本构件的名称及其作用。
6. 单层工业厂房由哪几部分组成?
7. 民用建筑中屋顶起什么作用?
8. 工业建筑单层厂房的支撑系统分几部分,各起什么作用?

第三章 钢筋及钢筋混凝土的基础知识

随着社会的进步、科学技术的不断发展，钢筋混凝土构件越来越广泛地应用于建筑领域，以钢筋混凝土为框架的主体结构处处可见。为什么钢筋混凝土有如此广泛的用途呢？这是因为它有以下优点：

(1)材料经济。需用的钢材和水泥数量不大，砂石可就地取材，材料的来源和运输容易解决，结构造价较低。

(2)耐久性好。与钢材相比，钢筋混凝土结构的耐久性更强，而且维修费用较小，更适宜露天野外的结构，如轨枕、桥涵等。

(3)耐火性好。在火灾中钢结构会丧失承载力，钢筋混凝土经受烈火烧灼后仍有承载能力。对于短期内有可能受火烧灼的结构来说，这一点是必要的。但长期经受200℃以上的高温的结构，则应考虑耐热的骨料来制作混凝土。

(4)可模性好。钢筋混凝土可根据需要浇制成各种形状的构件，便于施工。

当然，钢筋混凝土构件也有其缺点，在使用时应注意和克服：

- 自重大。钢筋混凝土构件比较笨重，梁式结构的跨度受到限制。

- 检查、加固、拆除都比较困难。钢筋混凝土中混凝土一旦出现问题，往往很难处理。

钢筋混凝土按照施工方法不同，可分为整体式和装配式两类。整体式结构是完全就地现浇的，装配式结构是在工厂预制成各种构件，在工地上将构件拼装而成的。按照设计原理的不同，钢筋混凝土结构又可分普通钢筋混凝土和预应力钢筋混凝土两大类。

第一节　钢筋混凝土构件的基本原理

钢筋混凝土是由钢筋和混凝土两种受力性能不同的材料组成的。混凝土是一种重要的建筑材料，与天然石材相比，具有较高的抗压强度，但抗拉强度较低(为抗压强度的 1/9～1/18)，因此混凝土构件的受拉区易开裂，在使用上受到了一定的限制。

观察混凝土梁，在荷载作用时，梁的横截面上将受弯矩的作用，使梁的中性轴以上部分受压，中性轴以下则受拉，如图 3-1a 所示。当受拉区边缘的拉应力达到混凝土的抗拉强度极限时，梁就会产生裂缝。随着裂缝的向上发展，梁很快断裂而破坏。由图3-1b可见，纯混凝土梁的承载能力是由混凝土的抗拉强度控制的，当受拉区破坏时，受压区混凝土的抗压强度则未被充分利用。所以纯混凝土梁的承载能力是很低的。单纯的用混凝土一种材料的梁，显然是不合理的。

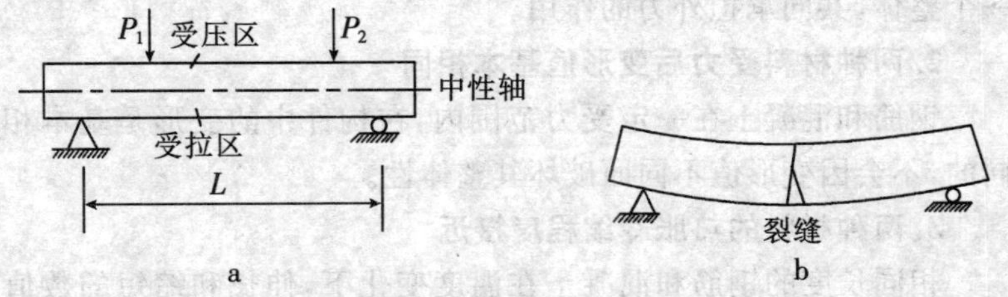

图 3-1　纯混凝土简支梁

人们通过长期的生产实践和大量的科学试验，在混凝土中配置一定数量的钢筋，来弥补混凝土抗拉强度低的缺点。如果在纯混凝土简支梁中性轴以下的受拉区配置一些钢筋，如图 3-2a 所示，就成为钢筋混凝土梁了。这种梁在荷载作用下，受拉区的拉力主要由抗拉强度很高的钢筋承担，它成功地改变了纯混凝土受弯构件不能承受较大荷载的缺陷。据实验资料，钢筋混凝土梁的承载能力比相同尺寸的纯混凝土梁的承载能力可提高 10～20 倍。

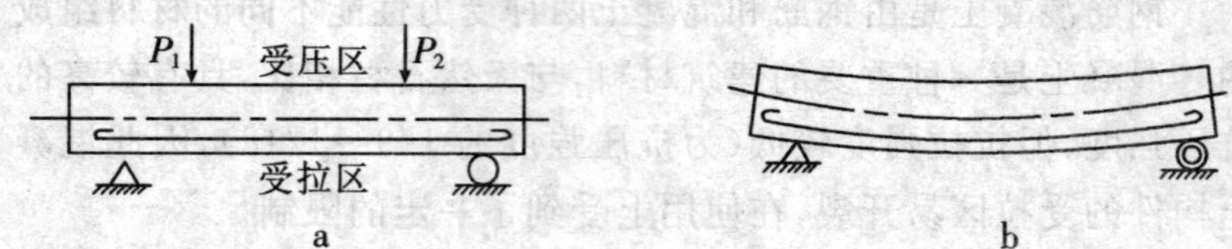

图 3-2 钢筋混凝土简支梁

钢筋和混凝土虽然是两种不同的材料，但他们也有着许多共同性以及相互合作共同工作的基础。

1. 两种材料有可靠的黏结力

当混凝土凝结硬化达到强度后，混凝土和钢筋间有很强的黏结力。特别是钢筋端部加工成弯钩、表面轧了花纹，将钢筋焊接成网片后，混凝土和钢筋的黏结力大大加强，使钢筋和混凝土黏结成一个整体，共同承担外力的作用。

2. 两种材料受力后变形值基本相同

钢筋和混凝土在一定受力范围内，在构件中的变形是基本相同的，不会因变形值不同而破坏其整体性。

3. 两种材料的热胀冷缩程度接近

相同长度的钢筋和混凝土在温度变化下，伸长和缩短的数值是基本相同的。钢筋的线胀系数为 12×10^{-6}，混凝土的线胀系数为 $(10\sim14.8)\times10^{-6}$。在温度变化时，组合材料间仅引起很小的内应力，将不产生有害的变形，同时混凝土为不良传热体，可防止剧烈的变化，保证了钢筋和混凝土共同工作。

4. 混凝土能有效地保护钢筋不受锈蚀

钢筋和混凝土共同工作可以减少或节省保养维修费用，使钢筋混凝土构件经久耐用。

从以上所举的几种性能看，钢筋是完全能够和混凝土结合在一起而共同工作的。因此，人们在混凝土构件的受拉区，配置一定数量的钢筋，让钢筋和混凝土发挥各自的力学性能，分别承受不同的力，组成一种既耐压、又抗拉的建筑构件——钢筋混凝土构件。

第二节　钢筋的材料性能

一、钢筋的分类

1. 按钢筋的强度分类

建筑工程中，用量最大的是经过热轧制成的光面钢筋或变形钢筋。热轧钢筋的品种较多，为了便于区分，按照钢筋的强度（屈服点和抗拉强度）将热轧钢筋分为 5 个等级。

Ⅰ级钢筋：屈服强度为 235 MPa，抗拉强度 370 MPa，目前通指 3 号钢钢筋，主要用于普通钢筋混凝土结构。

Ⅱ级钢筋：屈服强度为 335 MPa（包括 315 MPa），抗拉强度 510 MPa（包括 490 MPa）。现指 20 MnSi 钢筋，主要用于普通钢筋混凝土结构，经冷拉后也可作预应力钢筋。

Ⅲ级钢筋：其屈服强度 370 MPa，抗拉强度 570 MPa，通指 25 MnSi钢筋，可用在普通钢筋混凝土结构中，但在轴心受拉和小偏心受拉构件中，不能充分发挥作用，冷拉后可用于预应力混凝土结构中。

Ⅳ级钢筋：屈服强度 540 MPa，抗拉强度 835 MPa。这种钢筋品种很多，冷拉后用于预应力钢筋混凝土结构。

Ⅴ**级钢筋**:也称调质钢筋或热处理钢筋。屈服强度 1 324 MPa,抗拉强度 1 471 MPa。Ⅴ级钢筋是普通热轧中碳低合金钢钢筋经过加热,机油淬火和铅浴回火的双重热处理钢筋,强度较高。直径有 6 mm、10 mm、8.2 mm 3 种热处理钢筋成盘供应,每盘直径 2 m,每盘长约 200 m。在使用过程中省去对焊、冷拉等工序。

2. 按化学成分分类

(1)碳素钢钢筋。碳素钢钢筋是建筑工程中最常用的钢筋,如 3 号钢光面筋、5 号钢螺纹筋、碳素钢丝等都是由碳素钢轧制而成的。

在碳素钢中,碳是决定钢材性能的主要化学成分。含碳量增加,钢的强度、硬度也增加,但钢筋会变脆,焊接能力变差。碳素钢钢筋按含碳量的多少可以分为:低碳钢钢筋(含碳量小于0.25%),如 3 号钢钢筋;中碳钢钢筋(含碳量 0.25%～0.70%),如 5 号钢钢筋;高碳钢钢筋(含碳量 0.7%～1.4%),如碳素钢丝。低碳钢钢筋和中碳钢钢筋一般称为普通碳素钢钢筋。

(2)甲类钢、乙类钢、特类钢钢筋。按照钢厂出厂所保证的条件可分为:甲类钢、乙类钢、特类钢钢筋。甲类钢是主要的建筑钢筋用钢,能够保证机械性能;乙类钢主要是能保证化学性能;特类钢既能保证机械性能又能保证化学性能。

(3)普通低合金钢钢筋。普通低合金钢钢筋是在低碳钢和中碳钢的成分中,加入少量合金元素(一般不超过 3%),获得高强度和综合性能好的钢筋。具有耐腐蚀、耐磨损、易加工、焊接性能好等特点。因此,普通低合金钢钢筋在钢筋混凝土结构中得到了最广泛的应用。

3. 按钢筋的外形分类

(1)光面钢筋。Ⅰ级钢筋(3 号钢钢筋)均轧制成光圆形截面,称为光面筋。光面筋比较柔软,易于除锈加工。但部分Ⅳ级和Ⅴ级钢筋也有光面筋。

(2)螺纹钢筋。将钢筋表面轧成螺旋形纹和人字形纹的钢筋称为螺纹钢筋。按国家规定,Ⅱ级和Ⅲ级钢筋轧制成人字形或月牙形纹,而Ⅳ级钢筋和 5 号钢钢筋则轧制成螺旋形纹,如图 3-3 所示。

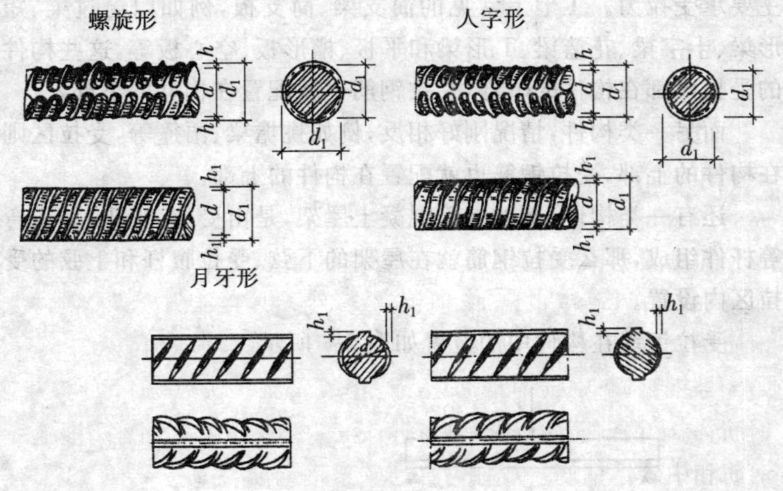

图 3-3　钢筋外形图示

(3)钢丝。分为冷拔低碳钢丝和碳素钢丝两种。冷拔低碳钢丝由直径 6～8 mm 的普通低碳热轧盘条经多次冷拔而成。其直径有 3,4,5 mm 3 种。碳素钢丝则由高碳钢轧制而成。碳素钢丝常称高强度钢丝,经刻痕处理后称刻痕钢丝。

(4)钢绞线。将 7 根ϕ2.5～5 mm 碳素钢丝在绞线机上进行编绞,最后经低温回火处理而成,也可用冷拔低碳钢丝编绞。钢绞线一般用于预应力混凝土结构中,特别适用于重型大跨度结构中。

4. 按生产工艺分类

按生产工艺可分为热轧钢筋、冷拉钢筋、冷拔钢筋、热处理钢筋、碳素钢丝、刻痕钢丝。

5. 按钢筋在构件中的作用分类

(1)受力钢筋。又称主筋,是指根据构件受到的各种荷载,通过各项计算得出的构件受力所需的主要钢筋，例如受拉钢筋、弯起钢筋、受压钢筋等。

①受拉钢筋。这类钢筋配置在钢筋混凝土构件中的受拉区，主要承受拉力。工地上常见的简支梁、简支板，例如门窗过梁、矩形梁、十字梁、花篮梁、T 形梁和平板、槽形板、空心板等，这些构件的受拉区都在构件的下部，受拉钢筋也就配置在构件的下部。

而另一类构件，情况刚好相反，例如挑檐梁、雨篷等，受拉区则在构件的上部，受拉钢筋也就配置在构件的上部。

还有一类构件，例如钢筋混凝土屋架，是由受拉、受压，和压弯等杆件组成，那么受拉钢筋就在屋架的下弦、受拉腹杆和上弦的受拉区内设置。

受拉钢筋在构件中的位置如图 3-4 所示。

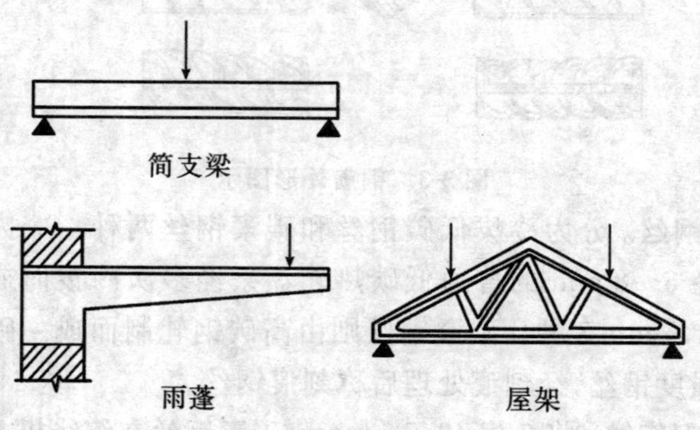

图 3-4 受拉钢筋在构件中的位置

②弯起钢筋。俗称弓铁、元宝铁、起梁，是受拉钢筋的一种变化形式。在 1 根简支梁中，为抵抗支座附近由于受弯和受剪而产生的斜向拉力，就要将受拉钢筋的两端弯起来，来承受这部分斜拉力，称为弯起钢筋。在连续梁和连续板中，受拉区是变化的：跨中受拉区在连续梁、板的下部，到接近支座的部位，受拉区便移到梁、板的上部，为了适应这个变化，受拉钢筋到一定位置也须弯起，如图 3-5 所示。

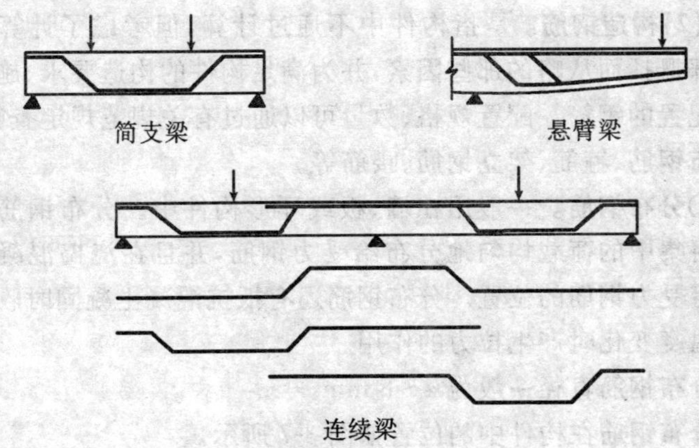

图 3-5　弯起钢筋在构件中的位置

③**受压钢筋。**这类钢筋是通过计算用以承受压力的钢筋，一般配置在受压构件中，例如在各种柱子、桩或屋架的受压腹杆内，或在受弯构件的受压区内。既然混凝土抗压强度较大，为什么还要配置受压钢筋呢？因为钢筋的抗压强度大于混凝土，在构件中配置受压钢筋后，就可以减小受压构件或受压区的截面尺寸。

受压钢筋在构件中的位置如图 3-6 所示。

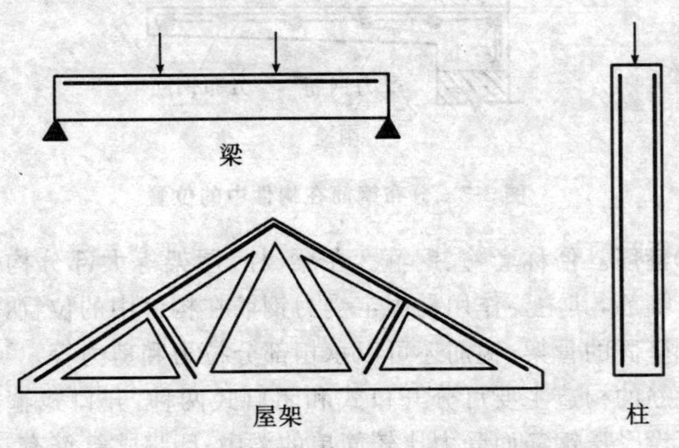

图 3-6　受压钢筋在构件中的位置

(2)构造钢筋。是指构件中不通过计算，但考虑了计算中未能全部概括而从略的那些因素，并为满足构件的构造要求、施工条件而配置的钢筋。配置规格、数量可以通过有关规范规定查得，例如分布钢筋、箍筋、架立钢筋、腰筋等。

①分布钢筋。一般用在墙、板或环形构件中。分布钢筋的作用是将集中的荷载均匀地分布给受力钢筋，并且在浇捣混凝土时可固定受力钢筋的位置。分布钢筋还有抵抗混凝土凝固时收缩及板面温度变化时产生拉力的作用。

分布钢筋直径一般为 4～8 mm。

分布钢筋在构件中的位置如图 3-7 所示。

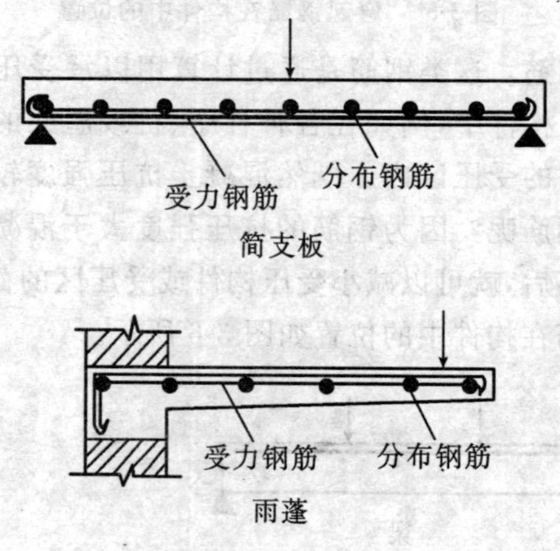

图 3-7 分布钢筋在构件中的位置

②箍筋。俗称套箍、钢箍。在梁、柱、屋架等大部分构件中都配置有箍筋，其主要作用是固定受力钢筋在构件中的位置，并使钢筋形成坚固的骨架，箍筋还可以承担部分拉力和剪力等。

箍筋的构造主要可分开口式和闭口式两种：开口式箍筋主要用于不设受压钢筋而受力比较简单的梁中；闭口式箍筋有三角形、圆形、方形等多种形式，而方形闭口式箍筋最为常见。

单个方形闭口式箍筋用在构件的一个截面中时称为双肢箍。有些构件由于截面宽度较大或比较复杂，则需要将2个或几个箍筋组合在一起使用，成为组合箍筋，例如2个双肢箍拼在一起称为四肢箍。在一些圆形构件中使用螺旋形箍筋。

箍筋构造形式如图3-8所示。

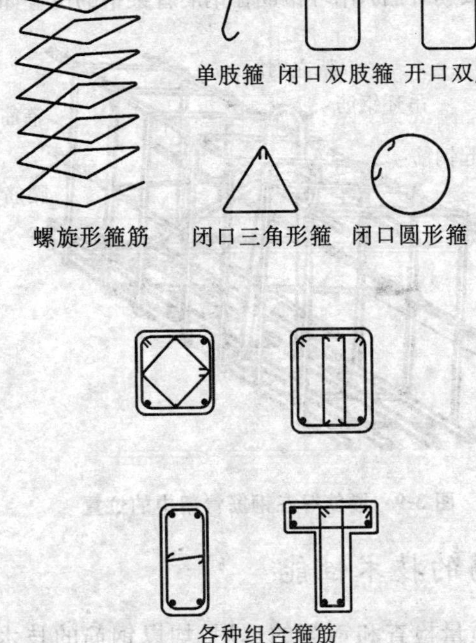

图 3-8 箍筋的构造形式

③**架立钢筋。**在梁内使用，目的是使受力钢筋和箍筋保持正确位置，以形成骨架。

架立钢筋的位置如图3-9所示。

④**腰筋及其他。**当梁的截面高度超过700 mm时，为了保证

受力钢筋与箍筋整体骨架的稳定，以及承受构件中部混凝土收缩或温度变化所产生的拉力，在梁的两侧面沿高度每隔 300～400 mm设置一根直径不小于 10 mm 的纵向构造钢筋，称为腰筋。腰筋要用拉筋连系。

由于安装钢筋混凝土构件的需要，在预制构件中，根据构件体形和重量，在一定位置设置有吊环钢筋。

架立钢筋、腰筋，拉筋、吊环钢筋在钢筋骨架中的位置如图3-9所示。

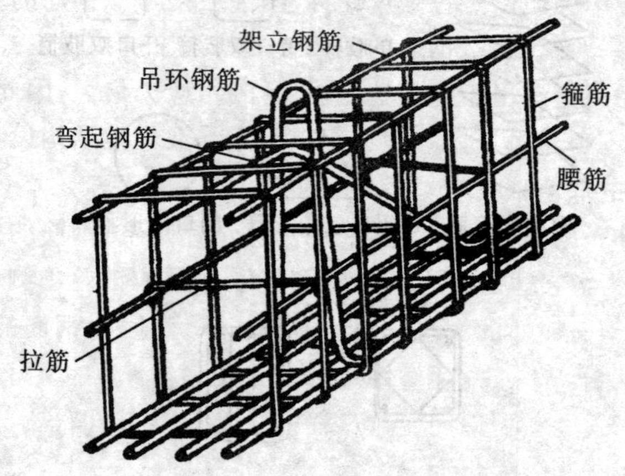

图 3-9 腰筋等在钢筋骨架中的位置

二、钢筋的技术性能

对钢筋的质量检查和钢筋的选用，均以钢筋的技术性能作为检验钢筋的重要标准。钢筋的技术性能包括钢筋的力学性能和化学成分两项指标。

(一)钢筋的力学性能

尽管钢筋混凝土结构中钢筋的种类及规格各不相同，钢筋所处的部位及受力形式也不一样，但是，各类钢筋的力学性能的基本内容却完全相同。钢筋的力学性能包括抗拉性能、冷弯性能、冲击韧性和疲劳强度等4项主要指标。

1. 抗拉性能

抗拉性能是钢筋的重要技术指标，它包括钢筋的抗拉强度、屈服点、伸长率3种性能指标。

(1)抗拉强度。抗拉强度是钢筋抵抗拉力破坏作用的最大能力。并非是钢筋的抗拉强度越高，质量越好。要确定钢筋性能的好坏，不能单纯地以抗拉强度作标准，还必须考虑钢筋的塑性性能等指标。一般情况下，钢筋的使用强度都小于抗拉强度。

(2)屈服点。由于钢筋达到屈服点时，应力最大，因此，钢筋的使用强度不得超过屈服点。屈服点是钢筋混凝土结构设计时钢筋标准强度的取值依据。

(3)伸长率。伸长率是指在一定测量标距下，钢筋的极限伸长百分率。为了表达钢筋的塑性变形能力，用抗拉试验中测出的伸长率来表示钢筋塑性的大小。钢筋的伸长率大，表示钢筋的塑性好。在钢筋混凝土结构中采用塑性好的钢筋，可使构件具有良好的延性。

图3-10所示为钢筋受拉过程的应力—应变图。

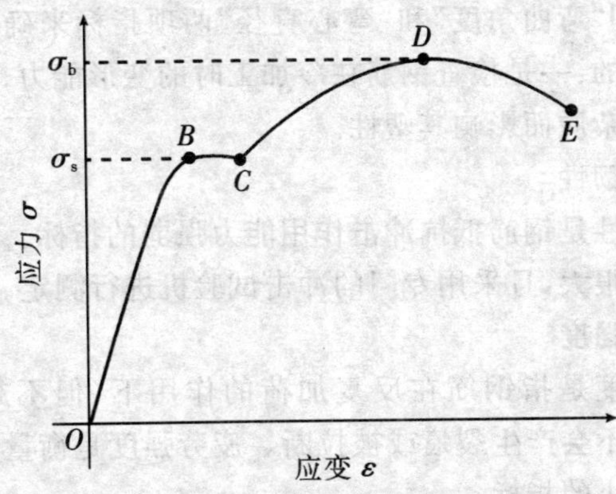

图3-10　钢筋应力—应变曲线

从图 3-10 中的曲线变化可以看出，钢筋在受拉过程中的几个不同阶段的变化。

①弹性阶段：是钢筋受拉的初始阶段(即 OB 段)。加拉力时，钢筋伸长；卸除外力时，基本上恢复原来长度。

②屈服阶段：应力基本上不再提高，而应变却在急剧增大(即 BC 段)，钢筋应力达到 σ_s 时进入塑性工作状态，而设计时只能将钢筋强度用到 σ_s 值，σ_s 值称为**屈服点**。

③强化阶段：过了屈服阶段后，钢筋的应力需提高，才能继续产生变形，如图中 CD 段。而曲线的最高点 D 是钢筋受拉产生最大应力处，图 3-10 中与 D 点相对应的最大应力 σ_b 表示钢筋的**抗拉强度**。

④颈缩阶段：图中 DE 段表现曲线下降，说明应力逐渐降低，而应变却在增大，这时，钢筋的部分截面开始缩小，最后在颈缩处断裂。

2. 冷弯性能

冷弯性能是指钢筋在常温下抵抗弯曲变形的能力。钢筋要求有较好的冷弯性能，便于钢筋下料与冷弯成型。冷弯性能可以由冷弯试验，即“弯曲角度”和“弯心直径”两项指标来确定。进行冷弯检验的目的：一是检查钢筋在冷加工时的变形能力；二是检查钢筋是否含有杂质而影响其塑性。

3. 冲击韧性

冲击韧性是钢筋抵抗冲击作用能力强弱的指标。冲击韧性受温度的影响很大，且采用专门的冲击试验机进行测定。

4. 疲劳强度

疲劳强度是指钢筋在反复加荷的作用下(但不超过该荷载值)，钢筋都不会产生裂痕或被拉断。疲劳强度是衡量钢筋承受动荷载能力大小的指标。

钢筋的力学性能见表 3-1(冲击韧性和疲劳强度未列入表中)。

表 3-1 钢筋的种类及其力学性能

项次	钢筋类别		符号	标准代号	直径/mm	屈服点/(N/mm²)	抗拉强度/(N/mm²)	伸长率/% δ_5	伸长率/% δ_{10}	冷弯 弯曲直径	冷弯 弯曲角度
						不小于					
1	Ⅰ级钢筋	Q235A	Φ	GB 1499—84	8～25	235	370	25	—	$1d_0$	180°
					28～50					$2d_0$	
2	Ⅱ级钢筋	20MnSi	Φ		8～25	335	510	16	—	$3d_0$	180°
					28～50	315	490			$4d_0$	
	Ⅲ级钢筋	25MnSi	Φ			370	570	14	—	$3d_0$	90°
	Ⅳ级钢筋	$40Si_2MnV$ $45Si_2MnTi$	Φ		10～25	540	835	10	—	$5d_0$	90°
					28～32					$6d_0$	
	热处理钢筋	$40Si_2Mn$ $48Si_2Mn$ $45Si_2Cr$	Φ′	GB 4463—84	6	1 325	1470	—	6	—	—
					8.2						
					10						
3	冷拉Ⅰ级钢筋		Φ′	GBJ 204—83	6～12	275	373	—	11	$3d_0$	180°
	冷拉Ⅱ级钢筋		Φ′		8～25	412	510	—	10	$3d_0$	90°
					28～40		490			$4d_0$	
	冷拉Ⅲ级钢筋		Φ′		8～24	490	569	—	8	$5d_0$	90°
	冷拉Ⅳ级钢筋		Φ′		10～28	686	864	—	6	$5d_0$	90°

(二)钢筋的化学成分

钢筋含有多种不同的化学成分,各种化学成分含量的多少,对钢筋的技术性能影响较大。

1. 碳(C)

钢筋强度随含碳量的增加而提高,但钢筋的塑性、冲击韧性、抗疲劳强度以及可焊性都会相应降低。

2. 硫(S)和磷(P)

硫和磷是极为有害的元素。含量过高的钢筋,其脆性大、塑性低、可焊性差。因此,国家规定:

(1)Ⅰ、Ⅱ级钢筋硫的含量≤0.05%;Ⅳ级钢筋硫的含量≤0.045%。

(2)Ⅰ、Ⅳ级钢筋磷的含量≤0.045%;Ⅱ级钢筋磷的含量≤0.05%。

3. 钛(Ti)和钒(V)

在钢筋中加入少量的钛和钒,可明显提高钢筋的强度、塑性和韧性,并改善其综合性能。

4. 锰(Mn)和硅(Si)

在钢筋中加入一定量的锰、硅合金元素,不但能提高钢筋的强度,而且还能保持钢筋原有的塑性。

5. 铬(Cr)和铌(Nb)

在钢筋中加入适量的铬和铌,可增加钢筋的硬度,并能使钢筋的强度和抗腐蚀的能力均有所提高。

第三节 钢筋的检验

钢筋质量的优劣,直接影响构件的安全性和使用寿命。为此,在构件的施工中加强对钢筋原材料的检验,就显得尤其重要。

1. 检验要求

(1)钢筋都应有出厂质量证明书或试验报告单。

(2)每捆(盘)钢筋均应有标牌。

(3)钢筋进场时应按批号及直径分批验收,每批质量不超过 60 t。

2. 检验内容

(1)核查标牌。

(2)外观检查。

(3)抽样做力学检验。

3. 检验操作顺序

(1)仔细查对钢筋上的标牌。

(2)对钢筋进行外观检查,其检查要求为:

- 钢筋表面不得有结疤、裂缝和褶皱。
- 钢筋表面的凸块不得超过螺纹的高度。
- 钢筋外形尺寸应符合技术标准的要求。

(3)用力学方法检验钢筋,其操作步骤是:

- 从每批钢筋中任选两根钢筋,每根取 2 个试样分别进行拉伸试验和冷弯试验。
- 如有一项试验不符合规定,则从同批钢筋中再抽取双倍数量的试样重做上述试验。
- 如仍有 1 个试样不合格,则该批钢筋定为不合格产品。

思考题

1. 钢筋和混凝土虽然是两种不同的材料,但为什么能共同工作?
2. 钢筋在钢筋混凝土构件中起什么作用?
3. 钢筋的力学性能包括哪几项指标?
4. 钢筋按强度分为几类,分别主要使用在什么构件中?
5. 钢筋按在构件中的作用主要分为几类?
6. 对钢筋混凝土结构中使用的钢筋,如何进行验收?

第四章　钢筋的配料

钢筋配料是指根据构件配筋图统计出每个构件中每一个规格的钢筋的数量、外形尺寸，然后进行备料加工的过程，这是一项极为细致和重要的工作，其中下料长度的计算是钢筋配料的关键，要求钢筋工必须熟练地掌握。

第一节　钢筋下料长度的计算方法

钢筋加工时，钢筋都按直线长度下料，但实际构件中的钢筋形状多种多样。因弯曲会使钢筋长度发生变化，所以配料时不能根据配筋图尺寸直接下料，必须了解各种构件的混凝土保护层，钢筋弯曲、搭接、弯钩等规定，结合所掌握的一些计算方法，再根据图中尺寸计算出下料长度。

1. 常用钢筋下料长度计算

- 直钢筋下料长度＝构件长度－保护层厚度＋弯钩增加长度
- 弯起钢筋下料长度＝直段长度＋斜段长度＋弯钩增加长度－弯曲调整值
- 箍筋下料长度＝直段长度＋弯钩增加长度－弯曲调整值

2. 弯钩增加长度计算

①钢筋弯钩通常有3种形式，即半圆弯钩、直弯钩和斜弯钩。

②钢筋弯钩增加长度，按图4-1所示的计算简图（弯心直径为2.5d、平直部分长度为3d），其计算值为：对半圆弯钩为6.25d（图

4-1a)，对直弯钩为 3.5*d*(图 4-1b)，对斜弯钩为 4.9*d*(图 4-1c)。

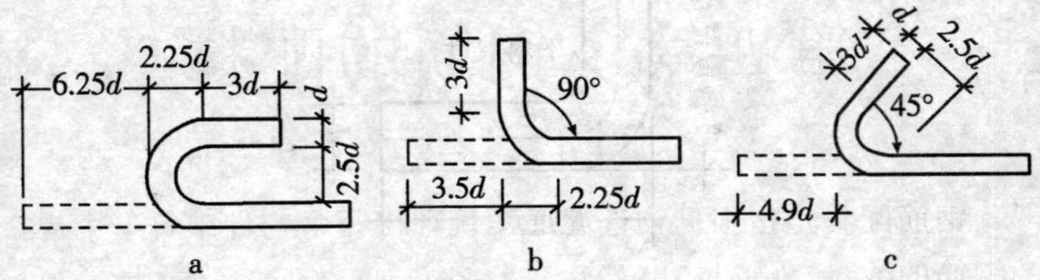

图 4-1　钢筋弯钩计算简图

a 半圆弯钩；b 直弯钩；c 斜弯钩

③在生产实践中，由于实际弯心直径与理论弯心直径有时不一致，钢筋粗细和机具条件不同等而影响平直部分的长短(手工弯钩时平直部分可适当加长，机械弯钩时可适当缩短)，因此在实际配料计算时，弯钩增加长度常根据具体条件而采用经验数据(表 4-1)。

表 4-1　半圆弯钩增加长度参考表(用机械弯)

钢筋直径/mm	≤6	8～10	12～18	20～28	32～36
一个弯钩长度/mm	40	6*d*	5.5*d*	5*d*	4.5*d*

3. 弯曲调整值

钢筋弯曲时，外侧伸长，里侧缩短，轴线长度不变，因弯曲处形成圆弧，而量尺寸又是沿直线量外包尺寸(图 4-2)，因此弯曲钢筋的量度尺寸大于下料尺寸，两者之间的差值叫**弯曲调整值**。各种弯曲调整值参见表 4-2。

表 4-2　钢筋弯曲调整值

钢筋弯曲角度	30°	45°	60°	90°	135°
钢筋弯曲调整值	0.35*d*	0.5*d*	0.85*d*	2*d*	2.5*d*

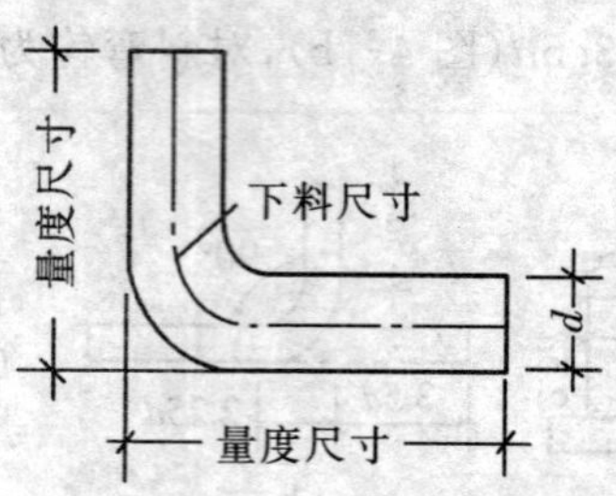

图 4-2 钢筋弯曲时的量度方法

4. 弯起钢筋斜长

斜长计算如图 4-3 所示，斜长系数见表 4-3。

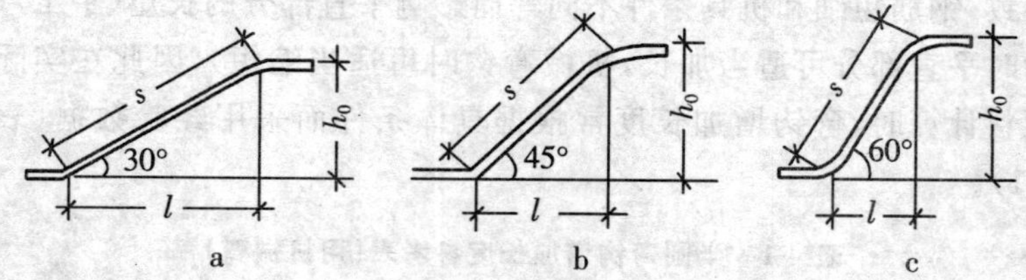

图 4-3 弯起钢筋斜长计算简图

a 弯起角度 30°；b 弯起角度 45°；c 弯起角度 60°

表 4-3 弯起钢筋斜长计算系数表

弯起角度(α)	斜边长度(s)	底边长度(l)	增加长度($s-l$)
30°	$2h_0$	$1.732h_0$	$0.268h_0$
45°	$1.41h_0$	h_0	$0.41h_0$
60°	$1.15h_0$	$0.575h_0$	$0.585h_0$

5. 箍筋调整值

箍筋调整值是弯钩增加长度和弯曲调整值之和或差，根据箍筋外包尺寸和内皮尺寸而定，如图 4-4 所示，见表 4-4。

表 4-4　箍筋调整值

箍筋量度方法	箍筋直径/mm			
	4～5	6	8	10～12
量外包尺寸	40	50	60	70
量内包尺寸	80	100	120	150～170

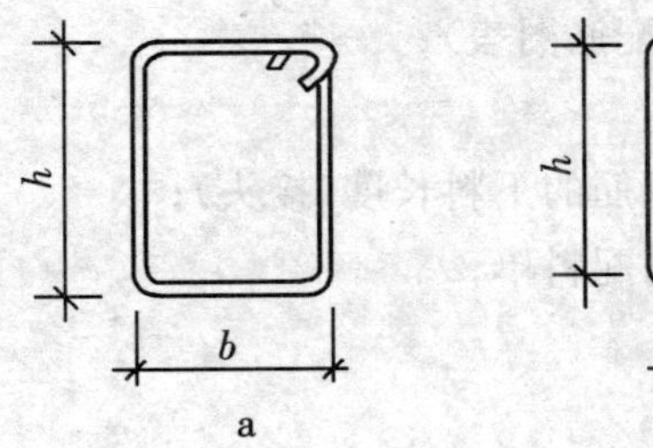

图 4-4　箍筋量度方法

a 量外包尺寸；b 量内皮尺寸

第二节　钢筋配料单的编制

一、配料单与料牌

1. 钢筋配料单

(1)基本概念：钢筋配料单是根据施工图纸中钢筋的品种、规格、外形尺寸及数量进行编号，并计算下料长度，用表格形式表达的单据。

(2)作用：

①是钢筋加工的依据；

②是提出材料计划，签发任务单和限额领料单的依据；

③是钢筋施工中一道很重要的工序，合理的配料，不但能节约钢材，还能使施工操作简化。

(3)方式：按钢筋的编号、形状和规格计算下料长度并根据根数算出每一编号钢材的总长度,然后再汇总各种规格的总长度,算出其重量。当需要成型钢筋很长,尚需配有接头时,应根据原材料供应情况和接头形式要求,来考虑钢筋接头的布置,其下料计算时要加上按要求的接头长度。

(4)编制步骤与方法:

①熟悉图纸(构件配筋图表);

②绘制钢筋简图;

③计算每种规格钢筋的下料长度(接头);

④填写和编制钢筋配料单;

⑤填写钢筋料牌。

2. 钢筋料牌

在钢筋施工过程中光有钢筋配料单还不能作为钢筋加工与绑扎的依据,还要将每一编号的钢筋制作一块料牌。料牌可用100 mm×70 mm 的薄木板或纤维板等制成。料牌随着加工工艺传送,最后系在加工好的钢筋上作为标志,因此料牌必须严格校核,准确无误,以免返工浪费。

二、编制配料单实例

【例】绘制图 4-5 中简支梁 L_1 的配筋图。

(1)熟悉图纸(配筋图)。

(2)绘制配筋图。如图 4-6 至图 4-10 所示。

(3)计算钢筋下料长度。

①号钢筋外包尺寸为:

6 500－2×25＝6 450(mm)

钢筋下料长度＝构件长－两端保护层

＋两端弯钩长度(6.25 d)

6 500－25×2＋6.25×18×2＝6 675(mm)

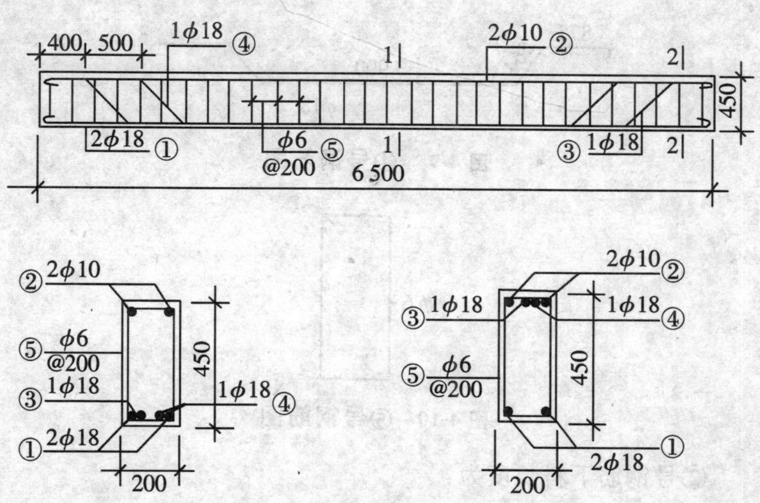

图 4-5　某教学楼梁 L_1 钢筋详图

图 4-6　①号钢筋图

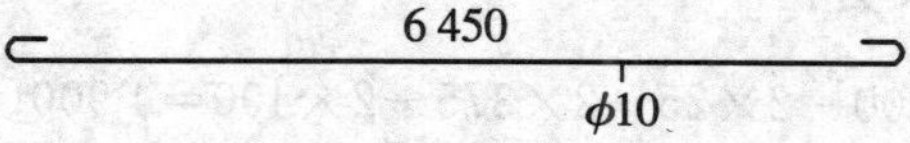

6 450

ϕ10

图 4-7　②号架立钢筋图

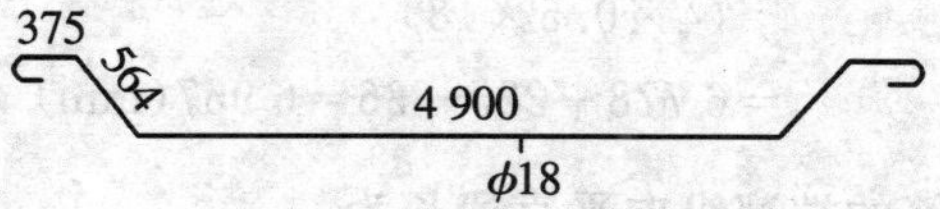

图 4-8　③号钢筋图

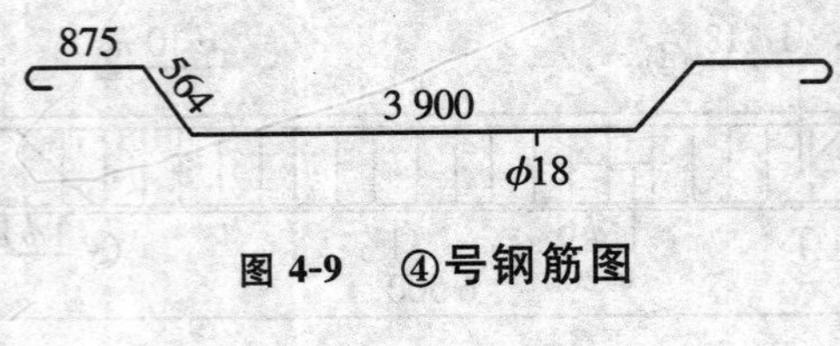

图 4-9 ④号钢筋图

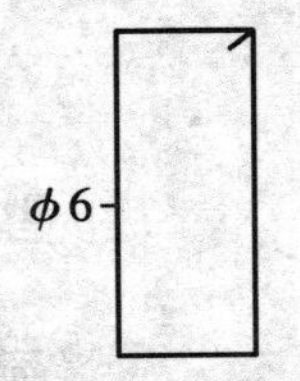

图 4-10 ⑤号钢筋图

②号钢筋下料长度为：

$$6\,500-25\times2+6.25\times10\times2=6\,575(\text{mm})$$

③号钢筋的端部纵向平直段长为：

$400-25=375(\text{mm})$

斜长＝(梁高－2 倍保护层)× 1.41(弯 45°斜长增加系数)

$=(450-2\times25)\times1.41=564(\text{mm})$

中间直线段长为：

$6\,500-2\times25-2\times375-2\times400=4\,900(\text{mm})$

下料长度＝外包尺寸＋端部弯钩－量度差值

$=[2\times(375+564)+4\,900]+(2\times6.25\times18)-(4\times0.5\times18)$

$=6\,778+225-36=6\,967(\text{mm})$

④号钢筋的端部纵向平直段长为：

$900-25=875(\text{mm})$

斜长＝564 mm （同③号钢筋斜长算法）

中间直线段长为：

$$6\,500-2\times25-2\times875-2\times400=3\,900(\text{mm})$$

下料长度＝外包尺寸＋端部弯钩－量度差值

$$=[2\times(875+564)+3\,900]+(2\times6.25\times18)-(4\times0.5\times18)$$

$$=6\,778+225-36=6\,967(\text{mm})$$

⑤号箍筋：

箍筋下料长度＝箍筋内周长＋箍筋调整值

$$=(400+150)\times2+100=1\,200(\text{mm})$$

箍筋数量为：$n=6\,450/200+1=34$(个)

(4)填写和编制配料单。见表 4-5。

表 4-5　钢筋配料单

构件名称	钢筋编号	简图	直径/mm	钢号	下料长度/m	单位根数	合计根数	重量/kg
某教学楼L₁梁共5根	1	6 450	18	Φ	6.675	2	10	133.37
	2	6 450	10	Φ	6.575	2	10	40.57
	3	564 375	18	Φ	6.967	1	5	69.6
	4	564 875	18	Φ	6.967	1	5	69.6
	5	162	6	Φ	1.2	34	155	45.29
备注：合计　Φ6＝45.29 kg；Φ10＝40.57 kg；Φ18＝272.57 kg								

注：单位根数是每一构件同一编号钢筋的根数，合计根数是一个单位工程中同一编号钢筋总根数。

三、配料计算的注意事项

- 在设计图纸中，钢筋配置的细节问题没有注明时，一般可按构造要求处理。
- 配料计算时，要考虑钢筋的形状和尺寸在满足设计要求的前提下要有利于加工安装。
- 配料时，还要考虑施工中需要的附加钢筋。例如，后张预应力构件预留孔道定位的钢筋井字架，基础双层钢筋网中保证上层钢筋网位置的钢筋撑脚，墙板双层钢筋网中固定钢筋间距用的钢筋撑铁，柱钢筋骨架增加四面斜筋撑等。

思考题

1. 写出直钢筋、弯曲钢筋和箍筋的下料长度计算公式。
2. 什么叫料牌？起什么作用？
3. 什么叫钢筋配料单？起什么作用？
4. 怎样编制钢筋配料单？
5. 什么叫钢筋的弯曲调整值？钢筋弯曲后有什么特点？
6. 箍筋弯钩的增加值是怎样规定的？
7. 某梁弯起钢筋如下图所示（弯起角 45°），计算

① 弯起筋的斜长；

② 钢筋的下料长度。

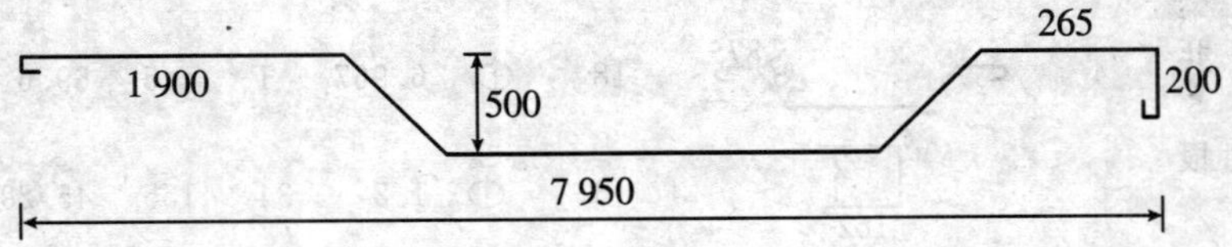

第五章 钢筋加工

第一节 钢筋除锈

《混凝土结构工程施工质量验收规范》GB 50204—2002 之 5.4.2 规定："钢筋应平直、无损伤。表面不得有裂纹、油污、颗粒状或片状老锈。"

由于存放过久或保管不善，钢筋就会与空气中的氧化合，在钢筋表面结成一层氧化铁，这就是铁锈。当铁锈形成初期，钢筋表面呈黄褐色，称为水锈，一般可以不予处理，但是当钢筋表面已形成一层氧化铁皮，用锤击就能剥落的铁锈时，则一定要将铁锈清刷干净，否则这种锈蚀的钢筋就不可能同混凝土很好黏结，而影响钢筋和混凝土共同受力，使混凝土结构承载能力降低。由此可见，钢筋的除锈是非常重要的。

除锈的方法有多种，常用的有**人工除锈**、**机械除锈**和**酸洗法除锈**。

一、人工除锈

人工除锈的常用方法一般是用钢丝刷、砂盘等轻擦，或将钢筋在沙堆上来回拉动除锈。

砂盘除锈示意图见 5-1。

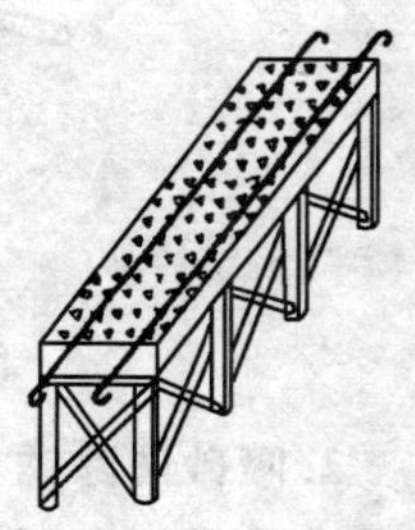

图 5-1 砂盘除锈示意图

二、机械除锈

机械除锈有除锈机除锈和喷砂法除锈。

1. 除锈机除锈

对直径较细的盘条钢筋，通过冷拉和调直过程自动除锈；粗钢筋采用圆盘钢丝刷除锈机除锈。

钢筋除锈机有固定式和移动式 2 种，是由动力带动圆盘钢丝刷高速旋转，来清刷钢筋上的铁锈，如图 5-2 和图 5-3 所示。

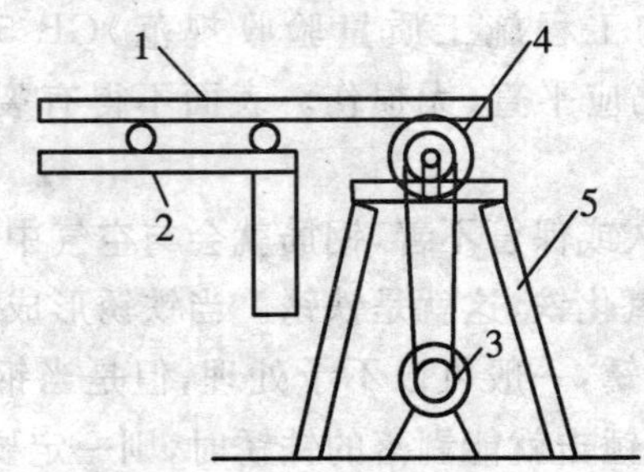

图 5-2 固定式钢筋除锈机

1—钢筋；2—滚道；3—电动机；4—钢丝刷；5—机架

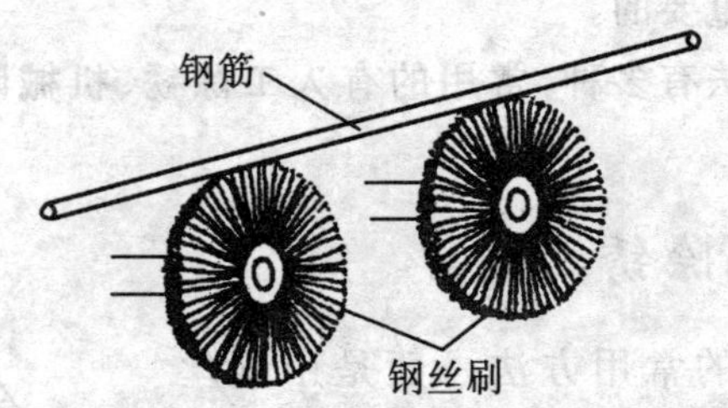

图 5-3 组合后的除锈机

2. 喷砂法除锈

主要是用空压机、储砂罐、喷头等设备，利用空压机产生的强大气流形成高压砂除锈，适用于大量除锈工作，除锈效果好。

三、酸洗法除锈

当钢筋需要冷拔加工时，用酸洗法除锈。酸洗法除锈是将圆盘钢筋放入硫酸或盐酸溶液中，经化学反应除锈。

第二节　钢筋调直

弯曲不直的钢筋在混凝土中不能与混凝土共同工作而导致混凝土出现裂缝，以至产生不应有的破坏。如果用未经调直的钢筋来断料，断料钢筋的长度不可能准确，从而影响到钢筋的成型、绑扎安装等一系列工序的准确性，因此钢筋调直是钢筋加工中不可缺少的工序。

一、人工调直

直径在 10 mm 以下的小直径盘条钢筋，在施工现场一般采用人工调直。对于冷拔低碳钢丝，可通过导轮牵引调直，这种方法如图 5-4 所示，也可以使用蛇形管调直(图 5-5)。

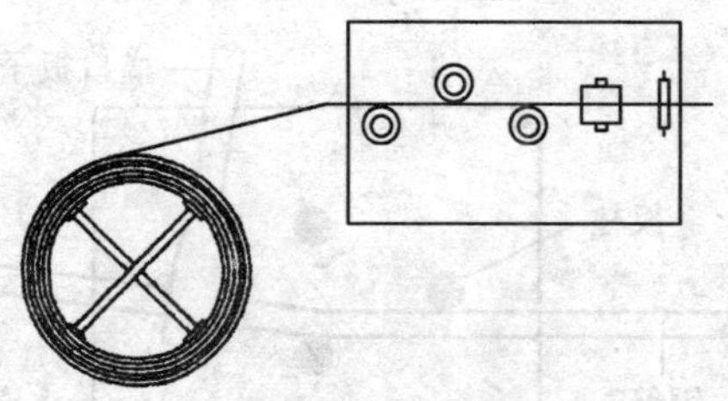

图 5-4　导轮牵引调直

盘条钢筋可采用绞盘拉直，如图 5-6 所示。对于直条粗钢筋一般弯曲较缓，可就势用手扳子扳直(图 5-7)。

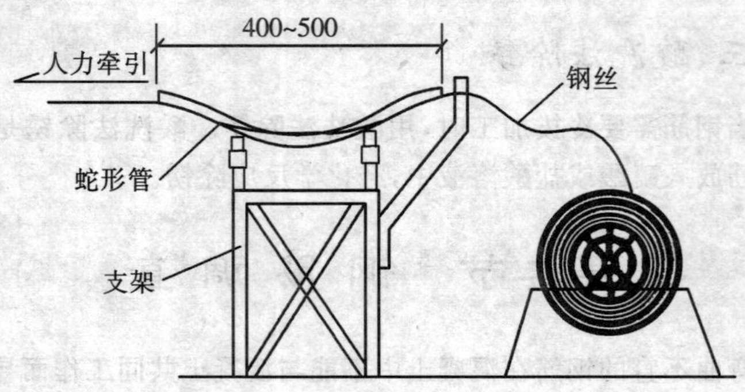

图 5-5 蛇形管调直

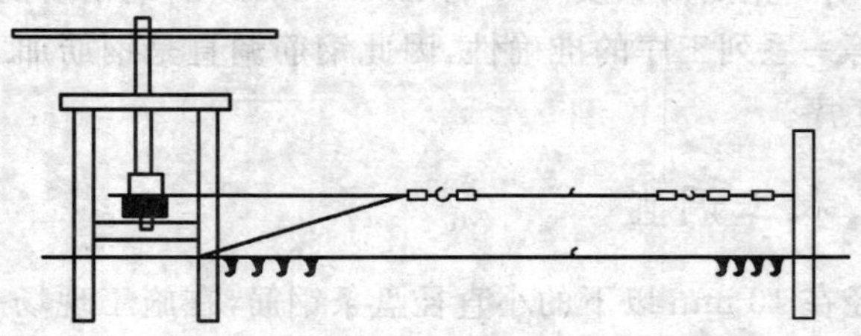

图 5-6 绞盘拉直装置示意图

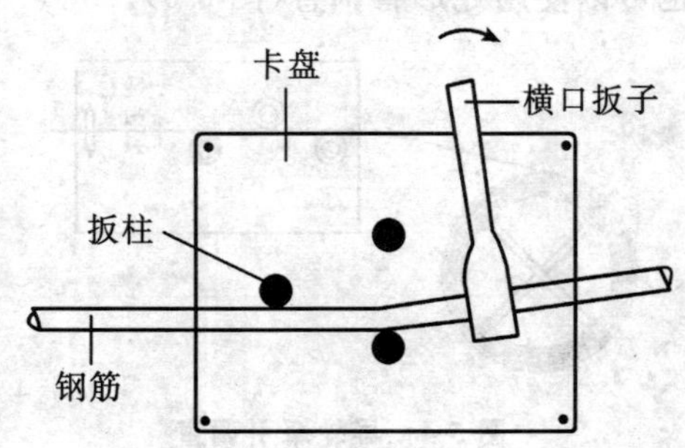

图 5-7 粗钢筋人工调直

二、机械调直

机械调直是通过钢筋调直机(一般也有钢筋切断功能,因此常称钢筋调直切断机）实现的，这类设备适用于处理冷拔低碳钢丝和直径不大于 14 mm 的钢筋。

1. 常用机械设备

钢筋调直机有多种型号，按所能调直切断的钢筋直径分，常用的有 3 种：GT1.6/4，GT3/8，GT6/12。另有一种可调直直径更大的型号是 GT10/16（型号标志中斜线两侧数字表示所能调直切断的钢筋直径大小上下限）。

工地上常用的钢筋调直机一般是 GT3/8，它的外形如图 5-8 所示。工作原理如图 5-9 所示。

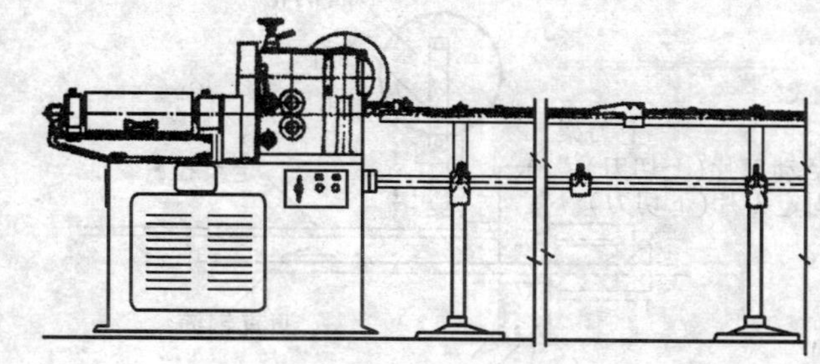

图 5-8　GT3/8 型钢筋调直机

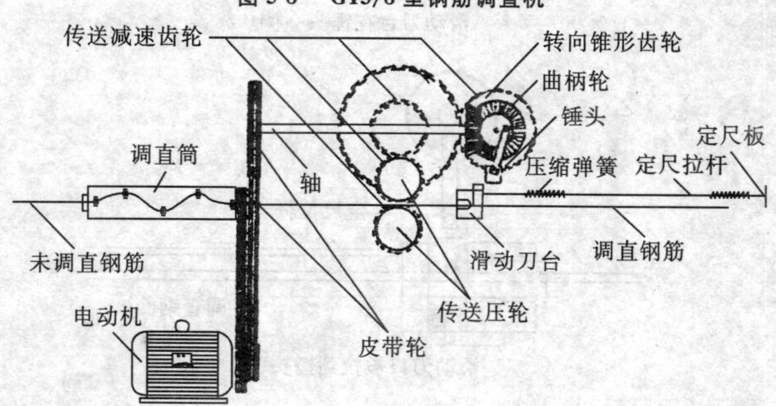

图 5-9　钢筋调直机工作原理图

2. 钢筋调直的操作要点

(1)检查。每天工作前检查电气系统及其元件有无毛病，各种连接零件是否牢固可靠，各传动部分是否灵活。

(2)试运转。首先从空载开始，确认运转可靠之后才可以进料，试验调直和切断。要先将盘条的端头锤打平直，然后再将它从导向套推进机械内。

(3)试断筋。为保证断料长度合适，应在机械开动后试断3～4根钢筋检查，以便出现偏差能得到及时纠正。断料原理如图5-10所示。

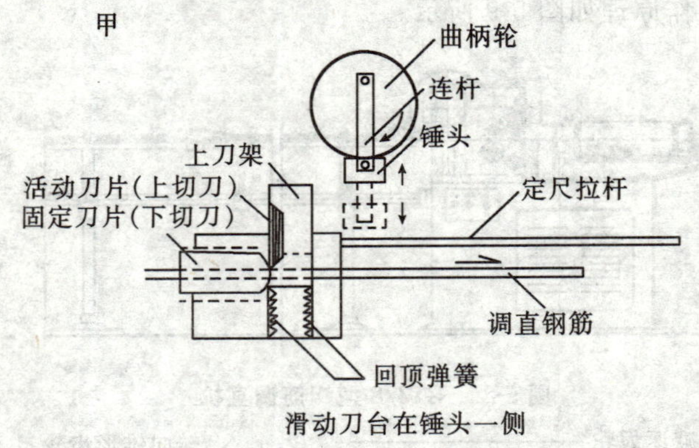

滑动刀台在锤头一侧

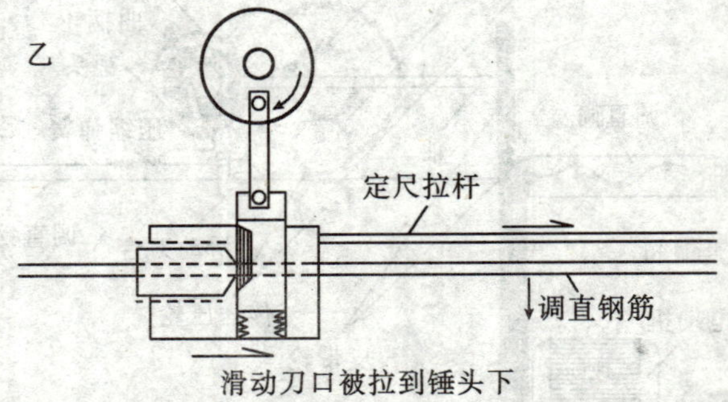

滑动刀口被拉到锤头下

图5-10 钢筋调直机定尺切断原理

(4)安全要求。盘条钢筋放入圈架上要平稳，如有乱丝或钢筋脱架时，必须停车处理。操作人员不能离机械过远，以防发生故障时能立即停车。

(5)安装承料架。承料架槽中心线应对准导向套、调直筒和剪切孔中心线，并保持平直。

(6)安装切刀。安装滑动刀台上的固定切刀，保证其位置正确。

(7)安装导向管。在导向管前部，安装1根长度约为1 m的导向钢管，需调直的钢筋应先穿入该钢管，然后穿过导向套和调直筒，以防止每盘钢筋接近调直完毕时，其端部弹出伤人。

第三节　钢筋的切断

钢筋经调直后，即可按下料长度进行切断。钢筋切断前，应根据工地的材料情况确定下料方案，确定钢筋的品种、规格、尺寸、外形符合设计要求。切断时，精打细算，长料长用，短料短用，使下脚料的长度最短。切断的短料可作为电焊接头的绑条或其他的辅助短钢筋使用，力求减少钢筋的损耗。

1. 切断前的准备工作

钢筋切断前应做好以下准备工作，以求获得最佳经济效果。

①根据钢筋配料单，复核料牌上所标注钢筋的直径、尺寸、根数是否正确。

②做好钢筋的下料方案，将同规格钢筋根据不同长度长短搭配、统筹安排，先下长料，后下短料，尽量减少短头，减少损耗。

③在断料时避免使用短尺量长料，防止在量料时产生累计误差。

④调试好切断设备，试切1～2根，一切正常后再成批加工。

2. 切断方法

钢筋切断方法分为人工切断和机械切断。

(1)人工切断。

①切断钢丝可用断线钳,其形状如图 5-11 所示。其外形长度可分为 450 mm、600 mm、750 mm、900 mm、1 050 mm 5 种规格。

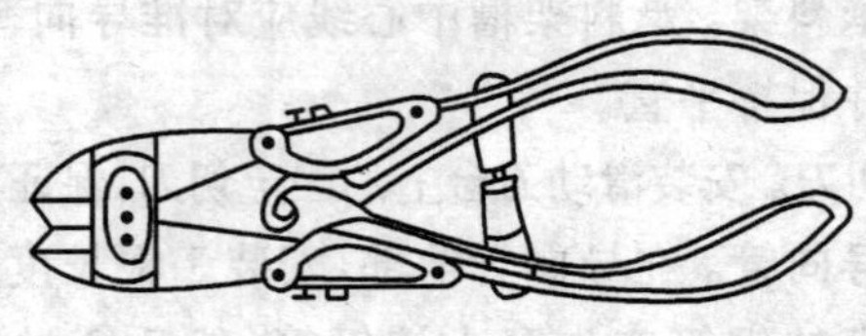

图 5-11 断线钳

②切断直径为 16 mm 以下的 HPB235 钢筋可用图 5-12 所示手压切断器。这种切断器一般可自制,由固定刀口、活动刀口、边夹板、把柄、底座等组成。

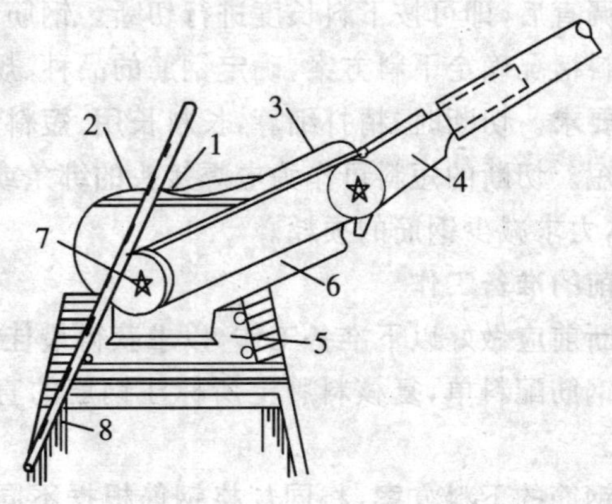

图 5-12 手压切断器

1—固定刀口;2—活动刀口;3—边夹板;4—把柄;
5—底座;6—固定板;7—轴;8—钢筋克子

③切断直径不超过 16 mm 的钢筋,还可以用 SYJ-16 型手动液压切断器,如图 5-13 所示。

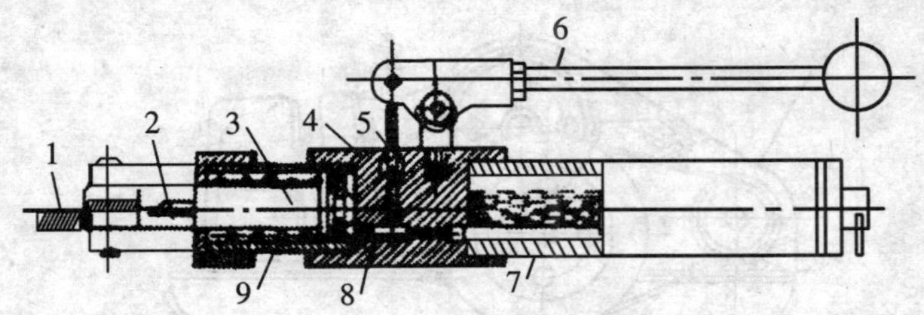

图 5-13　SYJ-16 型手动液压切断器

1—滑轨；2—刀片；3—活塞；4—缸体；5—柱塞；
6—压杆；7—贮油筒；8—吸油阀；9—回位弹簧

④一般工地上也常用称为克子的切断器(图 5-14)，使用克子切断器时，将下克插在铁砧的孔里，把钢筋放在下克槽内，上克边紧贴下克边，用锤打击上克使钢筋切断。

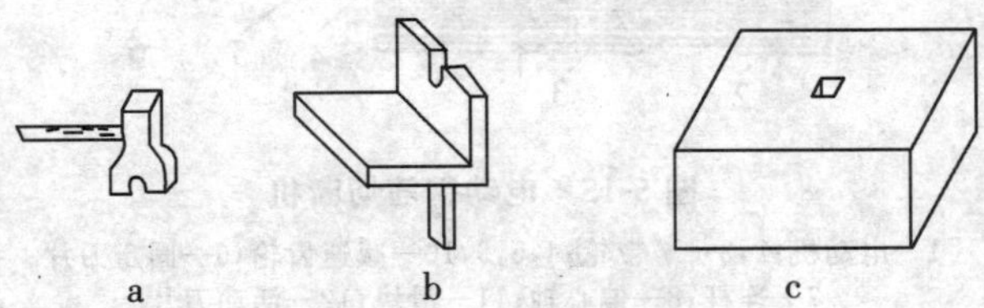

图 5-14　克子切断器

a 上克；b 下克；c 铁砧

(2)机械切断。

①常用的钢筋切断机有 GQ40，如图 5-15 所示。其他还有 GQ12，GQ20，GQ25，GQ32，GQ50，GQ65 型，型号的数字表示可切断钢筋的最大公称直径。表 5-1 列出了 GQ40 钢筋切断机每次切断钢筋的根数。

表 5-1　GQ40 钢筋切断机每次切断钢筋的根数

钢筋直径/mm	5.5～8	9～12	13～16	18～20	20 以上
可切断根数	12～8	6～4	3	2	1

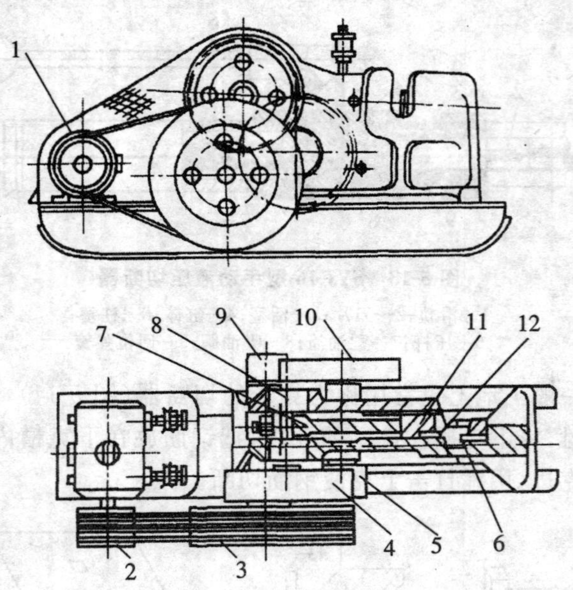

图 5-15 电动钢筋切断机

1—电动机;2,3—V 带轮;4,5,9,10—减速齿轮;6—固定刀片;
7—连杆;8—偏心轴;11—滑块;12—活动刀片

②钢筋机械切断注意事项如下:

• 使用前应检查刀片安装是否准确、牢固,润滑油是否充足,并应在空车运转正常以后再进行操作。

• 钢筋应调直以后再切断,钢筋与刀口应垂直。

• 断料时应紧握钢筋,待活动刀片后退时及时将钢筋送进刀口,不要在活动刀片已开始向前推进时,向刀口送料,这样常因措手不及,不能准确断料,甚至发生机械及人身事故。

• 长度在 30 cm 以下的短料,不能直接用手送料切断。

• 禁止切断超过切断机技术性能规定的钢材以及超过刀片硬度或烧红的钢筋。

• 切断钢筋后,刀口处的屑渣不能直接用手清除或用嘴吹,而应用毛刷刷干净。

第四节　钢筋的弯曲成型

钢筋的弯曲成型是将已切断、配好的钢筋按照施工图纸的要求加工成规定的形状尺寸，是钢筋加工中一道主要工序，也是一道技术性比较强的工作。钢筋弯曲成型的方法分人工弯曲和机械弯曲 2 种。

一、准备工作

在进行弯曲成型操作之前，首先需熟悉要进行弯曲加工钢筋的规格、形状和各部位尺寸，并对钢筋的规格数量进行检查，然后确定弯曲操作步骤。确定弯曲操作步骤顺序是很重要的，特别是一些粗钢筋，需弯曲成型的钢筋比较长，调头很不方便，所以在进行弯曲操作前首先要确定弯曲顺序，避免在弯曲时将钢筋反复调转，影响工效。

二、画线

弯曲形状比较复杂，而且每种同一形状钢筋的数量比较少时，要在钢筋弯曲前将钢筋的各段长度尺寸画在钢筋上。在采用手摇扳弯曲钢筋时，可以在工作台上定位代替画线。画线方法分精确画线和简便画线 2 种。

1. 精确画线方法

大批量加工时，应根据钢筋的弯曲类型、弯曲角度、弯曲半径、扳距等因素，分别计算各段尺寸，再根据各段尺寸分段画线。用这样的画线方法弯制的钢筋可达到很满意的结果，但这种画线方法比较繁琐。

2. 简便画线方法

现场小批量的钢筋加工，常采用简便的画线方法，在画钢筋的分段尺寸时，将不同角度的长度调整值在弯曲操作方向相反的一侧长度内扣除，画上分段尺寸线，这条线称为弯曲点线。根据弯曲点线并按规定方向弯曲后得到的成型钢筋，基本与设计图要求的尺寸相符。

现以梁中弯起钢筋为例，说明弯曲点线的画线方法，如图5-16所示。

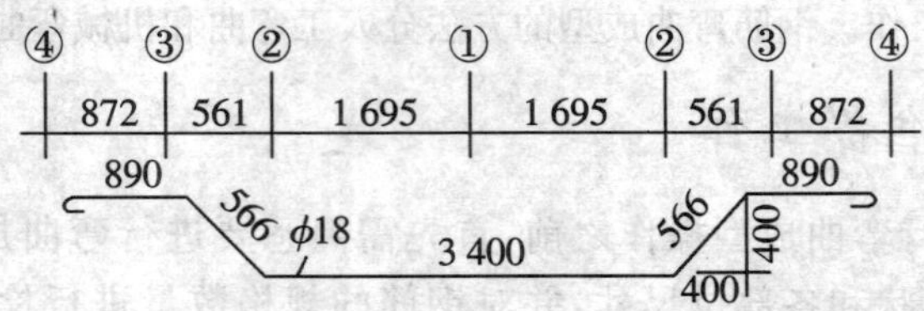

图 5-16 弯起钢筋计算例图

第一步，在钢筋的中心线画第 1 道线；

第二步，取中段（3 400）的 1/2 减去 0.25d_0，即在 1 700－4.5＝1 695 mm 处画第 2 道线；

第三步，取斜长（566）减去 0.25d_0，即在 566－4.5＝561 mm 处画第 3 道线；

第四步，取直段长（890）减去 1d_0，即在 890－18＝872 mm 处画第 4 道线。

以上各线段即钢筋的弯曲点线，弯制钢筋时按这些线段进行弯制。弯曲角度须在工作台上放出大样。需说明的一点是，画时所减去的值应根据钢筋直径和弯折角度具体确定。

三、试弯

弯曲钢筋画线后，即可试弯 1 根，以检查画线的结果是否符合设计要求，如不符合，应对弯曲顺序、画线、弯曲标志、扳距等进行调整，待调整合格后才能成批弯制。

四、弯曲成型

1. 手工弯曲成型

手工弯曲成型的方法具有设备简单、成型准确的优点，但劳动强度大，效率较低。

(1)工具和设备。

①工作台。工作台通常用木板制作，宽度为 800 mm 左右。长度 4 000～8 000 mm，台高 900～1 000 mm。

②手摇扳。手摇扳的外形见图 5-17 所示。它由钢板底盘、扳柱、扳手组成，用来弯制直径在 12 mm 以下的钢筋，操作前应将底盘固定在工作台上，其底盘表面应与工作台平直。

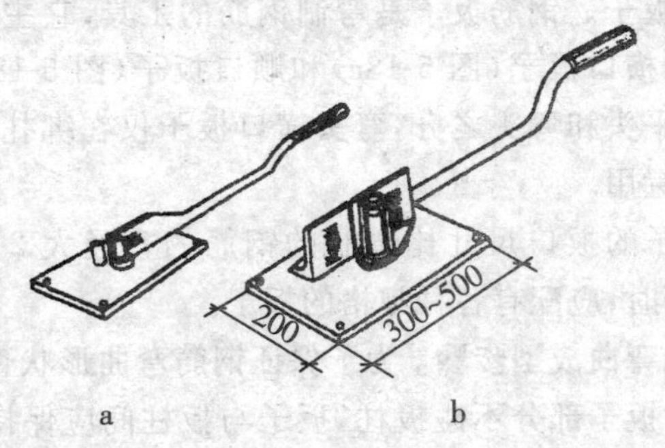

图 5-17　手摇扳

图 5-17a 所示是弯单根钢筋的手摇扳，图 5-17b 所示是可以同时弯制多根钢筋的手摇扳。

③卡盘。卡盘用来弯制粗钢筋，它由钢板底盘和扳柱组成，扳柱焊在底盘上，底盘需固定在工作台上。图 5-18a 所示为四扳柱的卡盘，扳柱水平净距约为 100 mm，垂直方向净距约为 34 mm，可弯曲直径为 32 mm 钢筋。图 5-18b 所示为三扳柱的卡盘，扳柱的两斜边净距为 100 mm 左右，底边净距约为 80 mm。这种卡盘不需配钢套，可用厚 12 mm 的钢板制作卡盘底板。

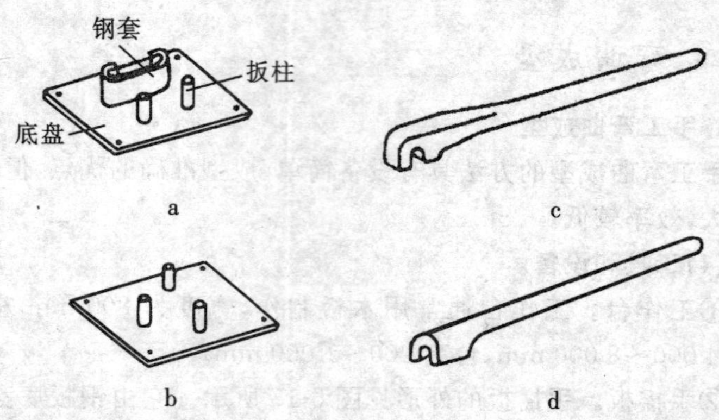

图 5-18 卡盘与钢筋扳子

④钢筋扳子。钢筋扳子是弯制钢筋的工具，它主要与卡盘配合使用，分为横口扳子（图 5-18c）和顺口扳子（图 5-18d）2 种。横口扳子又有平头和弯头之分，弯头横口扳子仅在绑扎钢筋时作为纠正钢筋位置用。

钢筋扳子的扳口尺寸比弯制的钢筋的直径大 2 mm 较为合适，弯曲钢筋时，应配有各种规格的扳子。

(2)手工弯曲成型步骤。为了保证钢筋弯曲形状正确、弯曲弧准确，操作时扳子部分不碰扳柱，扳子与扳柱间应保持一定距离。一般扳子与扳柱之间的距离，可参考表 5-2 所列的数值来确定。

表 5-2 扳子与扳柱之间的距离

弯曲角度	45°	90°	135°	180°
扳距	1.5～$2d_0$	2.5～$3d_0$	3～$3.5d_0$	3.5～$4d_0$

扳距、弯曲点线与扳柱的关系见图 5-19 所示。弯曲点线在扳柱钢筋上的位置为：弯 90°以内的角度时，弯曲点线可与扳柱外缘持平（图 5-19a）；当弯 135°～180°时，弯曲点线距扳柱边缘的距离约为 $1d_0$（图 5-19b）。

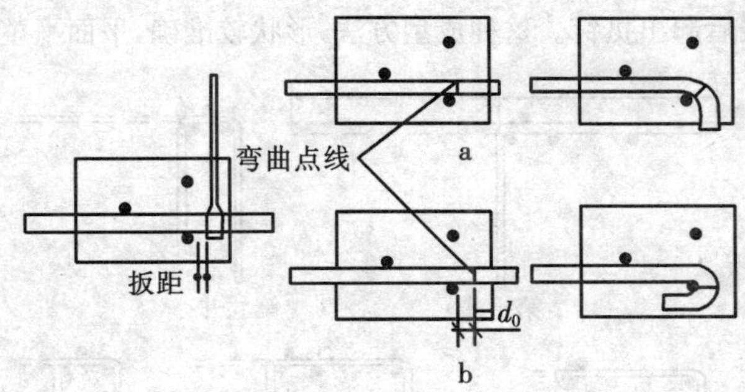

图 5-19　扳距、弯曲点线和扳柱的关系

不同钢筋的弯曲步骤分述如下：

①箍筋的弯曲成型。箍筋弯曲成型分成 5 步，见图 5-20 所示。在操作前，首先要在手摇扳的左侧工作台上标出钢筋 1/2 长，箍筋长边内侧和短边内侧长(也可以标长边外侧长和短边外侧长)3 个标志。

箍筋弯曲成型步骤：

第一步在钢筋 1/2 长处弯折 90°；

第二步弯折短边 90°；

第三步弯长边 135°弯钩；

第四步弯短边 90°弯折；

第五步弯短边 135°弯钩。

因为第三，五步操作弯钩角度大，所以要比二，四步操作时靠标志略松些，预留一些长度，以免箍筋不方正。

②弯起钢筋的弯曲成型。弯起钢筋的弯曲成型见图 5-21 所示。

一般弯起钢筋长度较大，通常在工作台两端设置卡盘，分别在工作台两端同时完成成型工序。

当钢筋的弯曲形状比较复杂时，可预先放出实样，再用扒钉钉在工作台上，以控制各个弯转角，见图 5-22 所示。首先在钢筋中段弯曲处钉 2 个扒钉，弯第一对 45°弯；第二步在钢筋上段弯曲处钉 2 个扒钉，弯第二对 45°弯；第三步在钢筋弯钩处钉 2 个扒钉，弯 2 对弯钩;最后起出扒钉。这种成型方法,形状较准确,平面平整。

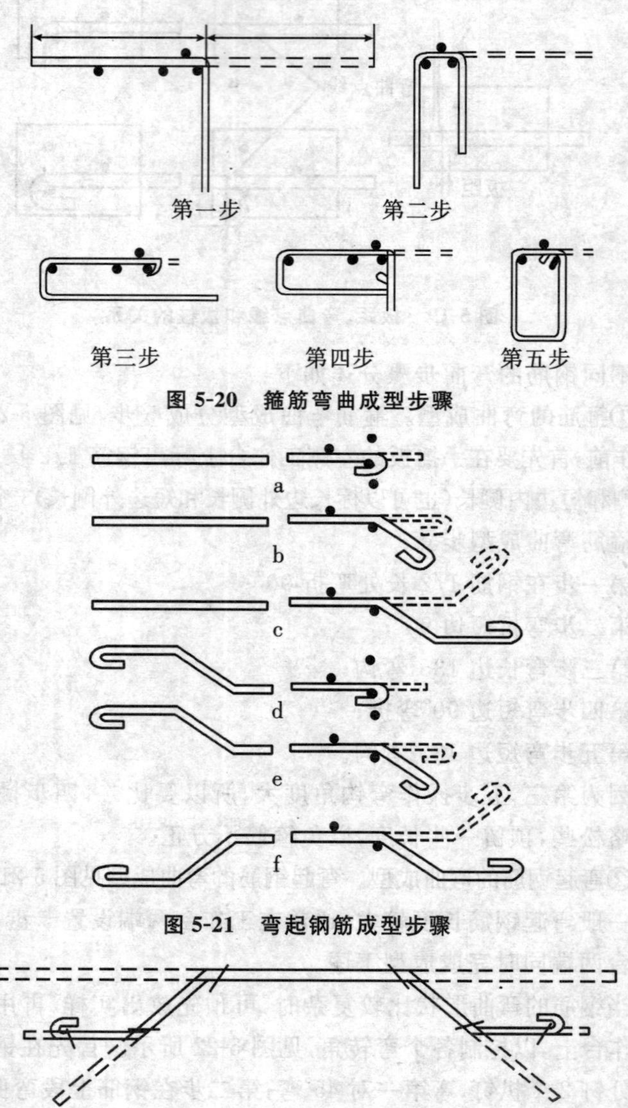

图 5-20 箍筋弯曲成型步骤

图 5-21 弯起钢筋成型步骤

图 5-22 钢筋扒钉成型

各种不同钢筋弯折时，常将端部弯钩作为最后一个弯折程序，这样可以将配料弯折过程中的误差留在弯钩内，不致影响钢筋的整体质量。

(3)手工弯曲操作要点。

①画线工作应从钢筋长度的中点开始，向两边分别进行。两边不对称时，可将调节尺寸的一边最后画。

②弯曲钢筋时，扳子一定要托平，不能上下摆，以免弯出的钢筋产生翘曲。

③操作时注意放正弯曲点，搭好扳子，注意扳距，以保证弯制后的钢筋形状、尺寸准确。起弯时用力要慢，防止扳子脱落，结束时要平稳，掌握好弯曲位置，防止弯过头或弯不到位。

④不允许在高空或脚手板上弯制粗钢筋，避免因弯制钢筋脱扳而造成坠落事故。

⑤在弯曲配筋密集的构件钢筋时，要严格控制钢筋各段尺寸及起弯角度，各种编号钢筋应试弯一下，安装合适后再成批生产。

2. 机械弯曲成型

(1)弯曲机种类。

常用的钢筋弯曲机可弯曲钢筋最大公称直径为 40 mm，用 CW40 表示型号，其他还有 GW12，GW20，GW25，GW32，GW50，GW65 等，型号的数字表示可弯曲钢筋的最大公称直径。

各种钢筋弯曲机可弯曲钢筋直径是按抗拉强度为 450 N/mm^2 的钢筋取值的，对于级别较高、直径较大的钢筋，如果用 GW40 型钢筋弯曲机不能胜任，就采用 GW50 型来弯曲。

GW40 型钢筋弯曲机较通用，其上视图如图 5-23 所示。

更换传动轮，可使工作盘得到 3 种转速，弯曲直径较大的钢筋必须使转速放慢，以免损坏设备。在不同转速的情况下，一次最多能弯曲的钢筋根数按其直径的大小应按弯曲机的说明书执行。弯曲机的操作过程如图 5-24 所示。

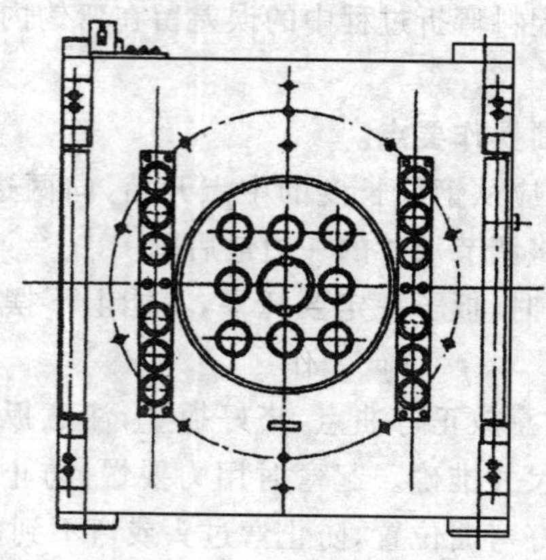

图 5-23 机械弯曲机上视图

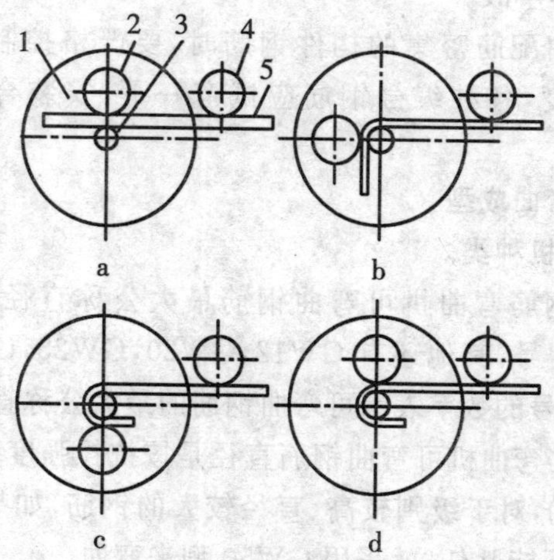

图 5-24 弯曲机的操作过程

1—工作盘；2—成型轴；3—心轴；4—挡铁轴；5—钢筋

(2)钢筋弯曲机操作要点。

①对操作人员进行岗前培训和岗位教育，严格执行操作

规程。

②操作前要对机械各部件进行全面检查以及试运转，并查点齿轮、轴套等设备是否齐全。

③要熟悉倒顺开关的使用方法以及所控制的工作盘旋转方向，看倒顺开关是否与工作盘旋转方向一致，操作倒顺开关时，应顺—停—倒，或倒—停—顺，不能直接顺—倒或倒—顺，以免导致转盘急停，加速机械的损耗。

④使用钢筋弯曲机进行操作时，由于成型轴和心轴在同时转动，就会带动钢筋向前滑移，所以应先试弯，摸索规律。

⑤钢筋在弯曲机上进行弯曲时，其形成的圆弧弯曲直径是借助于心轴直径实现的，因此要根据钢筋粗细和所要求的圆弧弯曲直径大小随时更换轴套。

⑥为了适应钢筋直径和心轴直径的变化，应在成型轴上加一个偏心套，以调节心轴、钢筋和成型轴三者之间的间隙。

⑦严禁在机械运转过程中更换心轴、成型轴、挡铁轴，或进行清扫、注油。

⑧弯曲较长的钢筋应有人帮助扶持，帮助人员应听从指挥，不得任意推送。

3. 成品管理

对钢筋加工工序而言，弯曲成型后的钢筋就算是“成品”。

(1)成品质量。弯曲成型后的钢筋质量必须通过加工操作人员自检，同时要由专职质量检查人员复检合格。钢筋加工的质量按照《混凝土结构工程施工质量验收规范》GB 50204—2002 的规定，应符合下列要求：

①受力钢筋的弯钩和弯折应符合表 5-3 规定。

②钢筋加工的允许偏差应符合表 5-4 的规定。

表 5-3 钢筋弯钩、弯折形状和尺寸要求

钢筋类型	牌号或部位	形状	弯弧内直径	弯钩平直部分长度
受力钢筋	HPB235	180°弯钩	≥2.5d	≥3d
	HRB335 HRB400	135°弯钩	≥4d	按设计要求
		≤90°弯钩	≥5d	—
箍筋	一般结构	≥90°弯钩	≥2.5d_0，≥d	≥5d_0
	抗震结构	135°弯钩	≥2.5d_0，≥d	≥10d_0

注：表中 d 为受力钢筋直径，d_0 为箍筋直径。

表 5-4 钢筋加工的允许偏差

项目	允许偏差/mm
受力钢筋顺长度方向全长的净尺寸	±10
弯起钢筋的弯折位置	±20
箍筋内净尺寸	±5

(2)管理要点。

①弯曲成型的钢筋必须轻抬轻放，避免产生变形，经过验收检查合格后，成品应按编号栓上料牌。

②清点某一编号钢筋成品无误后，要按编号分隔整齐堆入指定地点，并标志所属工程名称。

③非急用于工程上的钢筋成品应堆放在库房里，屋顶应防雨防水，地面保持干燥，并做好支垫。

④按工程名称、部位及钢筋编号、需用顺序堆放，防止先用的被压在下面，使用时翻垛而造成钢筋变形。

第五节 钢筋的冷加工

在配料之前，应首先对钢筋进行冷加工。通过钢筋冷加工可以提高钢筋强度和硬度，减小塑性变形，既可以节约钢材，又可以

解决钢筋除锈和调直问题。钢筋冷加工有冷拉、冷拔、冷轧、冷轧扭。以下着重介绍钢筋的冷拉和冷拔。

一、钢筋的冷拉

钢筋的冷拉是在常温下对钢筋进行拉伸，使拉应力超过钢筋的屈服强度，然后放松，经过一段实效后，使钢筋屈服点提高的一种冷加工方法。经冷拉后的钢筋屈服点一般可提高20%～25%。冷拉HPB235级钢筋适宜作钢筋混凝土结构中的受拉钢筋，冷拉HRB335、HRB400级钢筋适宜作预应力混凝土结构的预应力筋。

1.冷拉控制方法

冷拉的控制方法分为**控制应力**和**控制冷拉率**2种。

控制应力，是指冷拉时的拉力与钢筋截面面积的比值；冷拉率是指钢筋冷拉伸长值与钢筋冷拉前长度的比值。

(1)控制应力法。采用控制应力法时，冷拉控制应力见表5-5所示，按表中控制应力冷拉后，检查钢筋的最大冷拉率，如小于该表中最大冷拉率的值则合格，如超出表中规定值，则应进行力学性能试验。

表5-5 冷拉控制应力

项次	钢筋级别		冷拉控制应力/(N/mm²)	最大冷拉率/%
1	HPB235级	$d \leqslant 12$	280	10
2	HRB335级	$d \leqslant 25$ $d = 28 \sim 40$	450 430	5.5
3	HRB400级	$d = 8 \sim 40$	500	5
4	HRB500级	$d = 10 \sim 28$	700	4

冷拉钢筋作预应力钢筋使用时，宜采用控制应力法。

(2)控制冷拉率法。采用控制冷拉率法时，冷拉率控制值应由试验确定。其试件不宜少于 4 个，取其平均值作为该炉批钢筋的实际冷拉率。测定同炉批号钢筋冷拉率的冷拉应力应符合表 5-6 的规定。

表 5-6 测定冷拉率时钢筋的冷拉应力

项次	钢筋级别		冷拉应力/(N/mm²)
1	HPB235 级	$d \leqslant 12$	280
2	HRB335 级	$d \leqslant 25$	480
		$d=28 \sim 40$	460
3	HRB400 级	$d=8 \sim 40$	530
4	HRB500 级	$d=10 \sim 28$	730

测定冷拉率后，便可根据钢筋的长度求出钢筋的冷拉长度，如冷拉一批 12 m 长的Ⅱ级钢筋，由试验测得其式样平均冷拉率为 2%，则这批钢筋的冷拉长度为 12×2%＝0.24 m，冷拉时便可以用这一长度控制拉力。

(3)冷拉速度。钢筋冷拉速度不宜过快，一般以(0.5～1) m/min 为宜，当拉到控制值时，停车 2～3 min，使钢筋变形较为稳定后，再放松钢筋，冷拉结束。

2. 冷拉工艺和设备

钢筋的冷拉工艺是根据采用的机械设备，钢筋的品种、规格以及现场条件来确定的。现场常用的有以下 2 种冷拉工艺：

(1)卷扬机冷拉工艺。该种工艺现场用得最多，具有适用性强、设备简单、效率高、成本低等优点。根据不同的滑轮组，常用的卷扬机冷拉工艺有 3 种方案，冷拉细钢筋和中粗钢筋宜选用的方案如图 5-25a 所示。冷拉粗钢筋宜选用的方案如图 5-25b、图 5-25c所示。

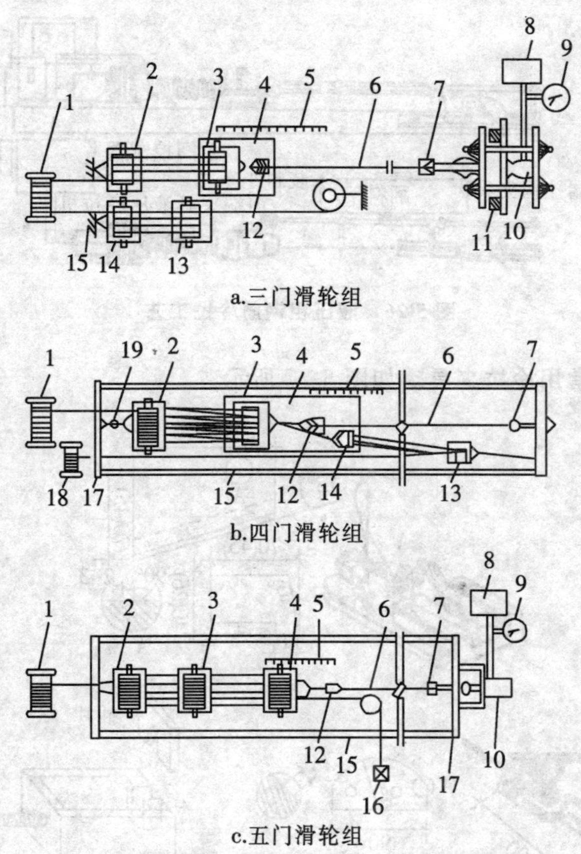
a.三门滑轮组

b.四门滑轮组

c.五门滑轮组

图 5-25　卷扬机冷拉工艺

1—卷扬机；2—固定滑轮组；3—移动滑轮组；4—冷拉小车；5—延伸标尺；6—钢筋；7—固定端夹具；8—油泵；9—油压表；10—千斤顶；11—台座墩；12—冷拉端夹具；13、14—回程滑轮组；15—冷拉台座；16—回程荷重架；17—端横梁；18—回程卷扬机；19—电子秤

(2)液压粗钢筋冷拉工艺。用液压冷拉机代替钢筋冷拉设备的一种冷拉工艺，具有设备紧凑、效率高、准确、劳动强度小等优点，适用于冷拉直径 20 mm 以上的钢筋(图 5-26)。

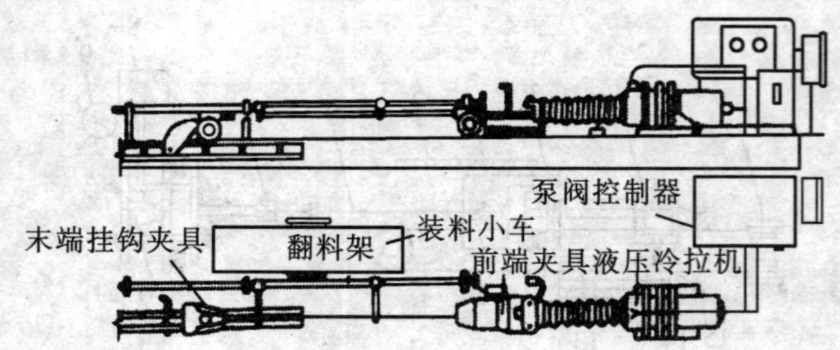

图 5-26 液压粗钢筋冷拉工艺

(3)常用冷拉夹具。如图 5-27 所示。

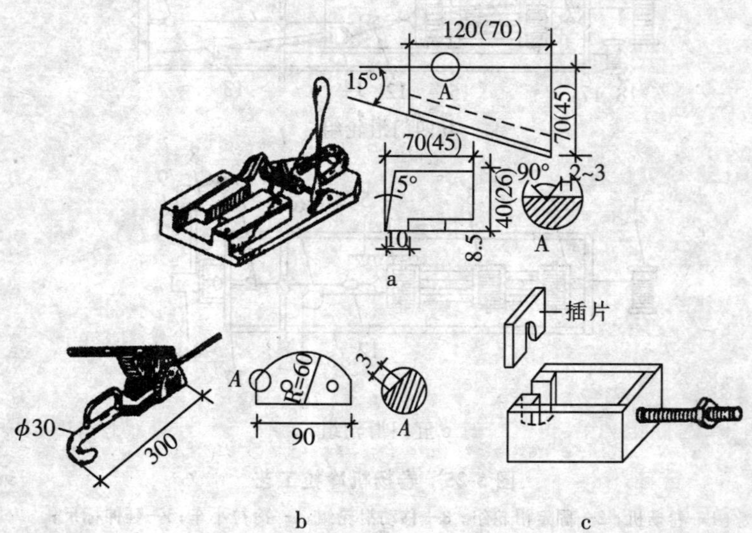

图 5-27 常用冷拉夹具

a 楔块式夹具(括号内数字为一种夹具加工尺寸);
b 偏心夹具;c 槽式夹具

(4)常用冷拉地锚。如图 5-28 所示。

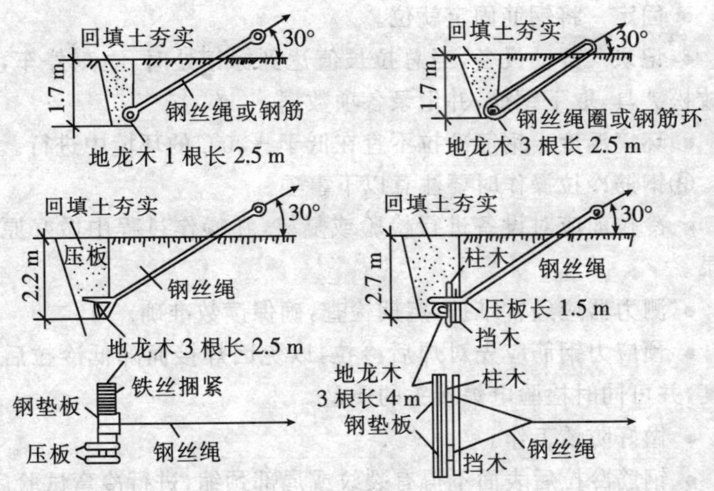

图 5-28 地锚类型

(5)冷拉操作要点及注意事项。

钢筋冷拉操作的主要工序有：钢筋上盘—放圈—切断—夹紧夹具—冷拉—放松夹具—捆扎堆放—分批验收。

①控制冷拉应力操作要点。

- **交底** 钢筋冷拉前，应复核钢筋的冷拉吨位，及相应的测力器读数、钢筋冷拉增长值，向工人进行技术交底。
- **做标记** 钢筋就位拉伸至 0 控制应力时停车，做好标记，作为钢筋拉长值的起点。
- **测弹性回缩值** 继续冷拉至规定控制应力时停车，将钢筋放松到 10%控制应力，量出钢筋实际拉长值，然后完全放松钢筋，并测出其弹性回缩值。
- **记录** 冷拉完毕，将各项数据及时填写在冷拉记录本上。

②控制冷拉率的操作要点。

- **做标记** 由冷拉率算出钢筋冷拉后的总长值，在冷拉线上做出准确、明显的标志，用以控制冷拉率。

● **固定** 将钢筋固定就位。

● **记录** 开动设备，当总拉长值达到标记处时，立刻停车，暂时放松夹具，取下钢筋，并记录各项数据。

● **环境温度** 钢筋冷拉不宜在低于－20℃的环境中进行。

③钢筋冷拉操作时要注意以下事项。

● 冷拉前应对设备进行检验或复核，在操作过程中做好原始记录。

● 测力器应经常维护，定期检查，确保读数准确。

● 预应力钢筋应先对焊后冷拉，以免因焊接而降低冷拉后的强度，并可同时检验电焊接头的质量。

● 做好防锈工作。

● 钢筋冷拉后表面不得有裂纹或局部颈缩，进行冷弯试验后，不得有裂纹、鳞落和断裂。

● 冷拉时，如遇电焊接头被拉断，可重焊再拉，但不宜超过两次。

二、钢筋的冷拔

钢筋的冷拔是在常温下，采用$\phi 6\sim\phi 8$的 HPB235 级光圆钢筋，以强力拉拔的方式通过比其直径小 0.5～1 mm 的钨合金拔丝模，而得到比原钢筋直径小的钢丝。图 5-29 所示为钢筋冷拔示意图。钢筋冷拔后，抗拉强度标准值可提高 50%～90%，但塑性降低，硬度提高。

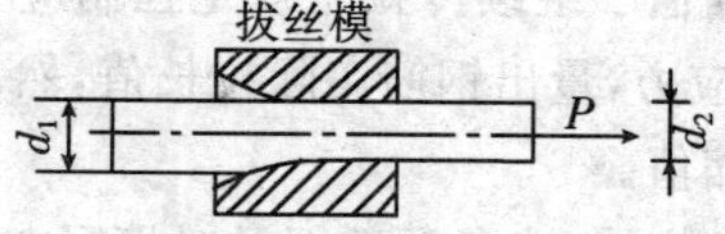

图 5-29 在拔丝模中冷拔的钢筋

1. 分类及用途

冷拔后的钢筋称为冷拔低碳钢丝，分为甲、乙两级。甲级用作预应力混凝土结构的预应力筋，乙级用作焊接钢筋网和焊接骨架、架立筋、箍筋或构造钢筋。

2. 工艺流程

冷拔的工艺流程为：轧头—剥皮—通过—润滑剂—进入拔丝模。

3. 冷拔设备

冷拔设备由拔丝机、拔丝模、剥皮装置、轧头机组成(图 5-30)。

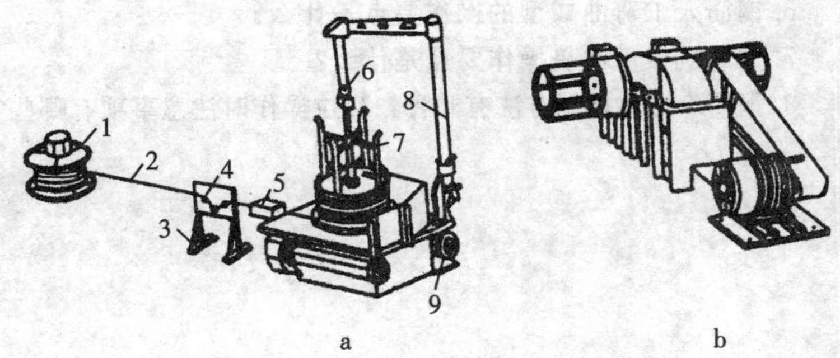

a 立式单卷筒拔丝机；b 卧式双卷筒拔丝机
1—盘圆架；2—钢筋；3—剥皮装置；4—槽轮；
5—拔丝模；6—滑轮；7—绕丝桶；8—支架；9—电动机

图 5-30　冷拔设备

4. 钢筋冷拔操作时应注意以下事项

①操作前应检查各传动部位是否正常，防护装置是否完整。

②检查原材料是否有试验资料，必须有合格资料才能使用。

③选用符合要求的拔丝模，要注意拔丝模的正反面，不要放反。

④拔丝卷扬筒用链条挂料时，操作人员必须离开链条甩动范围，发现钢丝断料，立即停车，不允许在拔丝机运转时用手取绕丝桶周围的物件，以防断料伤人。

⑤因拔丝温度高，要注意防止人员烫伤。

思考题

1. 钢筋除锈方法有几种？
2. 钢筋调直方法有几种？其中机械调直的操作要点是什么？
3. 钢筋切断前的准备工作有哪些？
4. 钢筋切断注意事项有哪些内容？
5. 钢筋人工弯曲成型的步骤有哪些？
6. 钢筋人工弯曲成型的操作要点是什么？
7. 钢筋机械弯曲机操作要点是什么？
8. 钢筋冷拉的控制方法有几种？冷拉操作时注意事项有哪些？

第六章　钢筋的连接

第一节　闪光对焊连接

闪光对焊是钢筋接头焊接中成本低、质量好、效率较高的一种焊接方法，适用于各种品种钢筋的接头焊接，是目前建筑工程中大量采用的接头焊接方法。

一、闪光对焊的种类

根据钢筋品种、直径和所用焊机功率大小不同，钢筋闪光对焊可分为**连续闪光焊**、**预热闪光焊**和**闪光—预热—闪光焊**等 3 种工艺。常用设备有手动对焊机(图 6-1)和自动对焊机(图 6-2)。

1. 连续闪光焊

当对焊机夹具夹紧钢筋并通电后，使对焊钢筋的端面轻微接触，此时端面的间隙中即喷射出火花般熔化的金属微粒，接着徐徐移动钢筋使两钢筋端面仍保持轻微接触形成连续闪光。当闪光到预定的长度，使钢筋端头加热到将近熔点时，就以一定的压力迅速进行顶锻，然后再断电、挤压，形成焊接接头，即完成焊接接头。

2. 预热闪光焊

预热闪光焊是在连续闪光焊前增加一个钢筋预热过程，以扩大焊接热影响区。其工艺过程包括：预热、闪光和顶锻过程。施焊时，先闭合电源，然后使两钢筋端交替地接触和分开，这时钢筋端

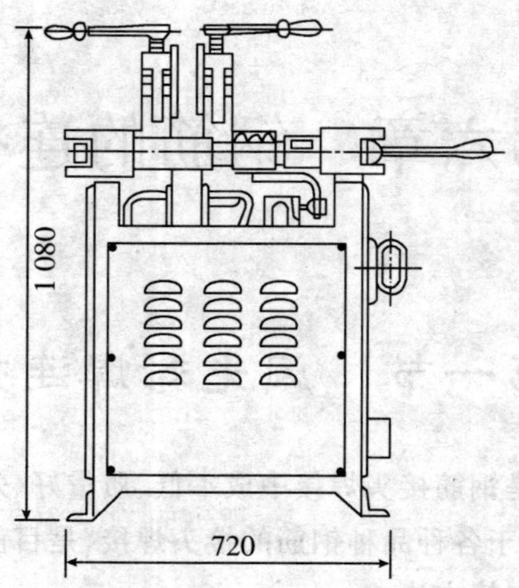

图 6-1 UN1-75 手动对焊机

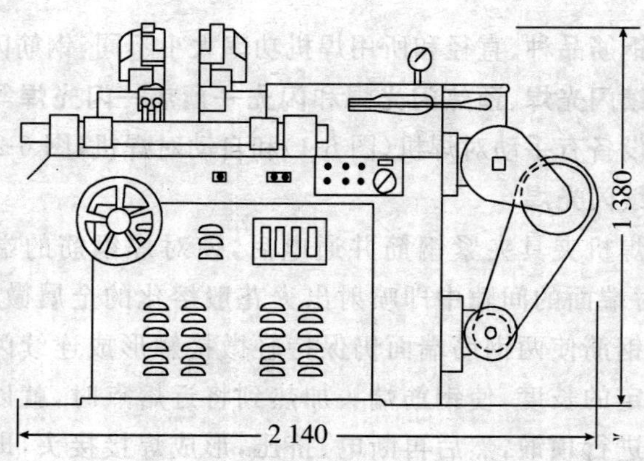

图 6-2 UN2－150 型自动对焊机

面的间隙中即发出断续的闪光，而形成预热过程。当钢筋达到预热温度后进入闪光阶段，随后顶锻而成。

3. 闪光—预热—闪光焊

闪光—预热—闪光焊是在预热闪光焊前再增加一次闪光过程,目的是使不平整的钢筋端面烧化平整,使预热均匀。其工艺过程包括一次闪光、预热、二次闪光及顶锻过程。施焊时首先连续闪光,使钢筋端部闪平,然后同预热闪光焊。

二、闪光对焊注意事项

①对焊前应清除钢筋端头约 150 mm 范围内的铁锈、污泥等,钢筋端头应保持平直,如有弯曲,应调直或切除。

②当调换焊工或更换焊接钢筋的规格和品种时,应先制作对焊试件(不少于 2 个)进行冷弯试验。合格后才能成批焊接。

③ 应根据钢种特性、气温高低、实际电压、焊机性能等具体情况由操作人员选择焊接参数。

④夹紧钢筋时,应使两钢筋端面的凸出部分相接触,以利均匀加热和保证焊缝与钢筋轴线相垂直。

⑤每个接头焊接完毕,应待接头处由白红色变为黑红色才能松开夹具,平稳地取出钢筋,以免引起接头弯曲。

⑥不同直径的钢筋可以对焊,但其截面比不能大于 1.5。此时,应按大直径钢筋选择焊接参数,并减小大直径钢筋的调伸长度。

⑦焊接场地应有防风防雨措施,以免接头区骤然冷却,发生脆裂。当气温较低时,接头部位可适当用保温材料覆盖。

三、质量通病及防治方法

在钢筋对焊生产中,若出现质量通病时,应按照表 6-1 及时消除,保证产品质量。

表 6-1 钢筋对焊异常现象、焊接缺陷及防治措施

序号	质量通病	防治措施
1	烧化过分剧烈并产生强烈的爆炸声	1. 降低变压器级数 2. 减慢烧化速度
2	闪光不稳定	1. 清除电极底部和表面的氧化物 2. 提高变压器级数 3. 增大烧化速度
3	接头中有氧化膜、未焊透或夹渣	1. 增加预热程度 2. 加快临近顶锻时的烧化速度 3. 确保带电顶锻过程 4. 加快顶锻速度 5. 增大顶锻压力
4	接头中有缩孔	1. 降低变压器级数 2. 避免烧化过程过分强烈 3. 适当增大顶锻留量及顶锻压力
5	焊缝金属过烧或热影响区过热	1. 减小预热程度 2. 加快烧化速度，缩短焊接时间 3. 避免过多带电顶锻
6	接头区域裂缝	1. 检验钢筋的碳、硫、磷含量；如不符合规定，应更换钢筋 2. 适当减小顶锻压力
7	钢筋表面微熔及烧伤	1. 清除钢筋被夹紧部位的铁锈和油污 2. 清除电极内表面的氧化物 3. 改进电极槽口形状，增大接触面积 4. 夹紧钢筋
8	接头弯折或轴线偏移	1. 正确调整电极位置 2. 修整电极钳口或更换已变形的电极 3. 切除或矫直钢筋的弯头 4. 焊完稍冷后，平稳取下钢筋

第二节 气压焊连接

钢筋气压焊是利用夹具使拟连接的钢筋对顶，然后用氧、乙炔

火焰把接合面及其附近金属加热至塑化状态，同时施加适当的压力，使其结合的固结焊接法。

这种焊接工艺具有设备简单、操作方便、质量好、成本低等优点，适用于各种位置的钢筋焊接，但对焊工要求严，焊前对钢筋端面处理要求高。

一、焊接工艺

准备阶段（机具及钢筋端头加工）—**压焊阶段**（安装钢筋、加热压接钢筋、卸除夹具）—**检验阶段。**

气压焊可用于 16～40 mm 的 HPB235，HRB335，HRB400 级钢筋，不同直径连接也可用此工艺，但两钢筋直径差不得大于 7 mm。

工艺设备：用于气压焊的设备有供气设备、多嘴环管加热器、加压器、焊接夹具（图 6-3）。

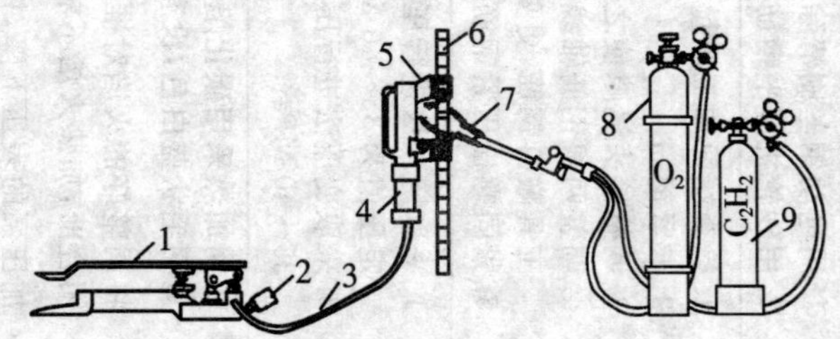

图 6-3　气压焊设备工作简图

1—脚踏液压泵；2—压力表；3—液压胶管；4—活动油缸；5—钢筋卡具；6—被焊接钢筋；7—多火口烤枪；8—氧气瓶；9—乙炔瓶

二、焊接工艺质量控制过程

气压焊连接的操作工艺要点见表 6-2 所示。

表 6-2　钢筋气压焊操作工艺要点

操作过程	工　　序	操作要点
准备工作	加工钢筋端面	1. 用电动钢丝刷清除锈斑、水泥浆、油污和其他杂质 2. 用砂轮机磨平钢筋端面氧化膜、毛刺，并沿圆周倒一小角
	钢筋装上卡具	1. 检查端面加工质量 2. 卡紧钢筋 3. 调整接头缝隙使之小于 3 mm 4. 调整两根钢筋轴线，偏心要小于 0.1 倍直径且不大于 2 mm，调整时严禁用工具敲打钢筋，更要防止锈渣进入缝隙 5. 紧固螺栓压紧钢筋时，不能顶伤钢筋肋下的表面
加热前预压	第一次加压	1. 采取定压法进行压接，第一次加压可以加到母材压接时所需的顶压力，其定压值为 35～40 MPa 2. 采取变压法进行压接，第一次加压可以加到母材屈服强度的 1/10 为好，为 35～40 MPa
第一个加热过程	调整火焰	初期加热采用碳化焰，调整的方法使内焰的长度达到焰心长度的 3 倍，火焰呈羽毛状蓝白色，没有明显的轮廓，由多嘴喷出的火焰要交于环管中心
	对准接头缝隙加热	将调整好的火焰对准接头缝隙加热，火焰前端距离钢筋表面等距，在焊缝未闭合前，加热火焰不能离开接合面，更要控制好火焰能率，防止过烧
	第二次加压闭合缝隙	加压泵的表压下降，接头出现塑性，此时接头的加热温度为 1 200℃以上，要立即进行加压闭合焊缝，此时加压要大于初压力，为 40～45 MPa

续表 6-2

操作过程	工 序	操作要点
第二个加热过程	调整火焰	钢筋接头缝隙闭合后，立即改调中性焰进行宽幅加热往复均匀摆动，此过程表压要下降，一般不低于 15 MPa
	宽幅加热	1. 使接头充分加热，用眼睛观察在加热范围内呈黄白色，表面有一层游离泡状氧化物，随焊炬摆动方向浮游，即表明接头温度达到压接温度 2. 此时表面温度为 1 300～1 350℃左右，要严格控制摆幅的大小和摆动的温度 3. 宽幅加热的范围应在 2 倍钢筋直径范围内均匀往复摆动焊枪
	第三次加压形成压粗头	1. 在进行充分的宽幅加热过程中，接头出现较大的塑性变形，接头内外温度均匀上升达到可焊温度 2. 此过程中加压泵表压稍有下降，就提高压力，使接头的压粗变形逐渐形成。边加热边加压使压力均匀上升，防止加压过快 3. 标准的压粗头直径为 1.4～1.6 d，压粗区长 1.2～1.5 d 为好 4. 加热加压要配合好，防止接头过烧，表面出现纵向热裂缝

第三节 电渣压力焊连接

电渣压力焊是利用电流通过渣池产生的电阻热将钢筋端部熔化,然后施加压力使钢筋焊合。这种焊接方法容易掌握,工效高、成本低,适用于现浇钢筋混凝土结构中竖向钢筋的接长。

电渣压力焊在电压不稳、雨季或防火要求高的场合慎用。

一、焊接工艺

竖向钢筋电渣压力焊的工艺过程包括:**引弧、电弧、电渣和顶压**过程(图 6-4)。

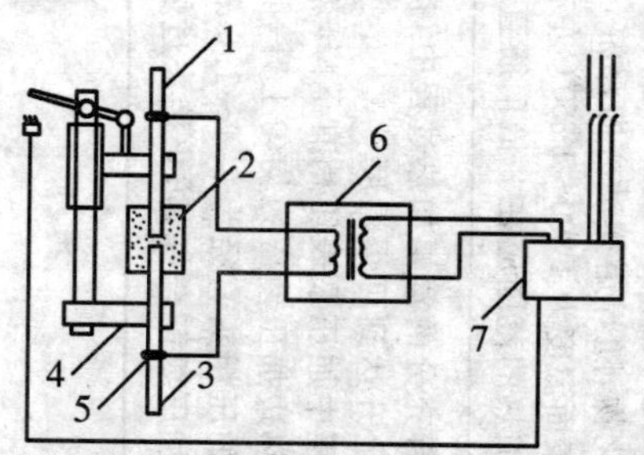

图 6-4 钢筋电渣压力焊设备示意图

1—上钢筋;2—焊剂盒;3—下钢筋;4—焊接机头;5—焊钳;6—焊接电源;7—控制箱

手工电渣压力焊可采用直接引弧法,一个焊接接头的完成,要经过引弧—电弧—电渣—顶压的过程。

自动电渣压力焊,宜采用铁丝球引弧法,一个焊接接头的完成,也要经过引弧—电弧—电渣—顶压的过程,但这个过程均为自动控制(图 6-5)。

1. 引弧过程

可采用直接引弧法和铁丝球引弧法。两种方法都是先将上钢筋与下钢筋接触,不能错位,接通电源。

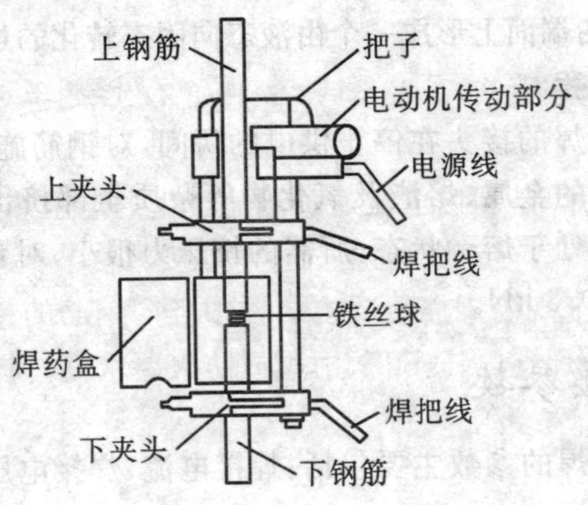

图 6-5　焊接机头示意图

直接引弧法是在通电后迅速将上钢筋提起，使两端头之间的距离为 2～4 mm 引燃电弧。这种过程很短。当钢筋端头夹杂不导电物质或端头过于平滑造成引弧困难时，可以多次把上钢筋移下，与下钢筋短接后再提起，达到引弧目的。

铁丝球引弧法是将铁丝球放在上下钢筋端头之间，电流通过铁丝球与上下钢筋端面的接触点形成短路引弧。铁丝球采用 0.5～1.0 mm 退火铁丝，球径不小于 10 mm，球的每一层缠绕方向应相互垂直交叉。当焊接电流较小，钢筋端面较平整或引弧距离不易控制时，宜采用此法。

2. 电弧过程

亦称造渣过程。靠电弧的高温作用，将钢筋端头的凸出部分不断烧化，同时将接口周围的焊剂充分熔化，形成一定深度的渣池。

3. 电渣过程

渣池形成一定深度后，将上钢筋缓缓插入渣池中，此时电弧熄灭，进入电渣过程。由于电流直接通过渣池，产生大量的电阻热，使渣池温度升到近 2 000 ℃，将钢筋端头迅速而均匀地熔化，其中，上钢筋端头熔化量比下钢筋大 1 倍。经熔化后的上钢筋端面呈微凸形，并在钢筋的端面上形成一个由液态向固态转化的过渡薄层。

4. 挤压过程

电渣压力焊的接头在停止供电的瞬间，对钢筋施加挤压力，把焊口部分熔化的金属、熔渣及氧化物等杂质全部挤出结合面。由于挤压时焊口处于熔融状态，所需的挤压力很小，对各种规格的钢筋仅为 0.2～0.3 kN。

二、焊接参数

电渣压力焊的参数主要包括：焊接电流、焊接电压和焊接时间等(表 6-3)。

表 6-3　电渣压力焊焊接参数

钢筋直径/mm	焊接电流/A	焊接电压		焊接时间/s		钢筋熔化量/mm
		U_1	U_2	t_1	t_2	
16	200～250	35～45	22～27	14	4	20～25
18	250～300			15	5	20～25
20	300～350			17	5	20～25
22	350～400			18	6	20～25
25	400～450			21	6	20～25
28	500～550			24	6	20～25
32	600～650			27	7	25～30
36	700～750			30	8	25～30
40	850～900			33	9	25～30

注：U_1 为电弧过程的电压，U_2 为电渣过程的电压；t_1 为电弧过程的时间，t_2 为电渣过程的时间。

1. 焊接电流

钢筋电渣压力焊的热效率较高，其焊接电流比闪光对焊小一半，宜按钢筋端头面积取 0.8～0.9 A/mm²。

2. 焊接电压

电渣压力焊接过程中，焊接电压是变化的。当引弧后，进入电板稳定燃烧过程时，电压为 40～45 V；当钢筋与焊剂熔化，进入电渣过程时，电压为 20～27 V。如电压过高，易再度产生电弧现象，过低则易产生夹渣缺陷。

3. 焊接时间

是指电弧过程和电渣过程的延续时间。引弧和挤压是瞬间，其耗时可以忽略不计。焊接时间长短根据钢筋直径确定。电弧和电渣的时间比为 3∶1。

如因引弧不顺利或网路电压偏低，总的焊接时间必须相应延长，延长的时间只能加在电弧过程之中。

三、焊接缺陷及防治措施

在钢筋电渣压力焊的焊接过程中，若出现轴线位移、接头弯折、结合不良、烧伤、夹渣等**焊接缺陷**，参照表 6-4 查明原因，采取措施，及时消除，保证产品质量。

表 6-4　钢筋电渣压力焊接头质量通病及防治措施

序号	缺陷性质	防治措施
1	偏心	(1)把钢筋的焊接端部矫直 (2)正确安装夹具及钢筋 (3)及时修理或更换已变形的电极钳口 (4)间接操作过程避免晃动
2	弯折	(1)把钢筋的焊接端部矫直 (2)正确安装钢筋 (3)焊毕，适当延长扶持上钢筋的时间 (4)及时修理或更换已变形的电极钳口
3	过热 (焊包薄而大)	(1)合理选择焊接参数，避免采取大能量焊接法 (2)减少焊接时间 (3)缩短电渣过程
4	结合不良	(1)正确调整动夹头的起始点，确保上钢筋下送到位 (2)避免下钢筋伸出钳口的长度过短，确保熔池金属受到焊剂正常依托 (3)防止在焊接时焊剂局部泄漏，避免熔池金属局部流失 (4)避免顶压前过早断电，有效地排除夹渣

续表 6-4

序号	缺陷性质	防治措施
5	焊包不匀	(1)钢筋端部切平 (2)装焊剂时力求钢筋四周均匀 (3)焊剂回收使用时排除一切杂质 (4)避免电弧电压过高 (5)防止焊剂局部泄漏，避免熔池金属局部流失
6	气孔夹渣	(1)按规定烘烤焊剂 (2)焊前清除钢筋端部的杂质、锈斑 (3)缩短电渣过程，使钢筋端部呈微凸状 (4)及时进行顶压过程

第四节 锥螺纹连接

锥螺纹连接是将两根待接钢筋端头用套丝机做出锥形外丝，然后用带锥形内丝的套筒将钢筋两端拧紧的钢筋连接方法，如图 6-6 所示。

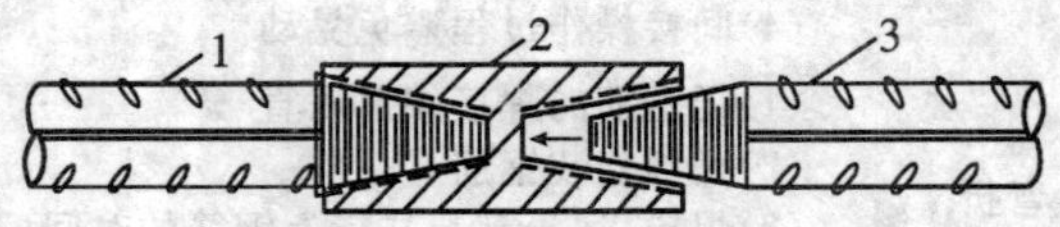

图 6-6 锥螺纹钢筋连接

1—已连接的钢筋；2—锥螺纹套筒；3—未连接的钢筋

这种接头方法具有接头可靠、操作简单、不用电源、全天候施工、对中性好、施工速度快等优点。

一、机具设备

1. 钢筋套丝机

钢筋套丝机是加工钢筋连接端的锥螺纹用的一种专用设备。

2. 扭力扳手

扭力扳手是保证钢筋连接质量的测力扳手。它可以按照钢筋直径大小规定的力矩值，把钢筋与连接套筒拧紧，并发出声响信号。

3. 量规

量规包括牙形规、卡规和锥螺纹塞规。牙形规是用来检查钢筋连接端的锥螺纹牙形加工质量的量规；卡规是用来检查钢筋连接端的锥螺纹小端直径的量规；锥螺纹塞规是用来检查锥螺纹连接套加工质量的量规。

二、锥螺纹套筒的加工与检验

- 锥螺纹套筒的材质：对 HRB335 级钢筋采用 30～40 号钢，对 HRB400 级钢筋采用 45 号钢。
- 锥螺纹套筒的尺寸：应与钢筋端头锥螺纹的牙形与牙数匹配，并应满足承载力略高于钢筋母材的要求。
- 套筒加工后，其两端锥孔必须用与其相应的塑料密封盖封严。
- 用锥螺纹塞规检查套筒如图 6-7 所示。

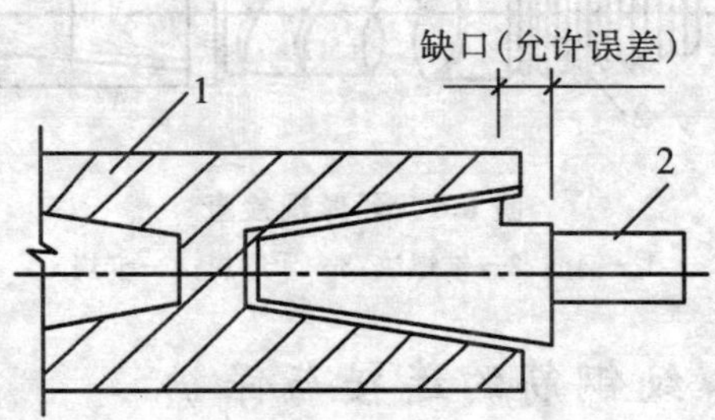

图 6-7　用锥螺纹塞规检查套筒

1—锥螺纹套筒；2—锥螺纹塞规

三、钢筋锥螺纹的加工与检验

钢筋下料时应采用无齿锯切割，其端头截面应与钢筋轴线垂直，并不得翘曲。

将钢筋两端卡于套丝机上套丝。钢筋套丝机所需的完整牙数见表 6-5。套丝时要用水溶性切削冷却润滑液进行冷却润滑。对大直径钢筋要分次车削到规定的尺寸，以保证丝扣精度，避免损坏梳刀。

表 6-5 钢筋套丝完整牙数的规定值

钢筋直径/mm	16～18	20～22	25～28	32	36	40
完整牙数	5	7	8	10	11	12

钢筋锥螺纹的检查：对已加工的丝扣端要用牙形规逐个进行自检，如图 6-8 所示。检查合格后，一端拧上塑料保护帽，另一端拧上钢套筒与塑料封盖，并用扭矩扳手将套筒拧至规定的力矩，以利保护与运输。

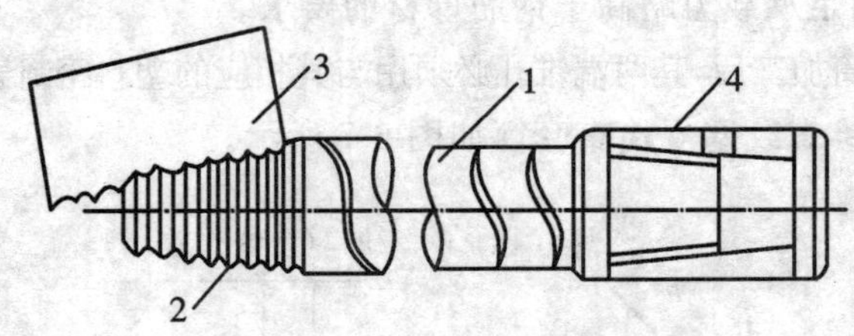

图 6-8 牙形规检查

1—钢筋；2—锥螺纹；3—牙形规；4—卡规

四、锥螺纹钢筋的连接与保护

连接钢筋前，将下层钢筋上端的塑料保护帽拧下来露出丝扣，并将丝扣上的水泥浆等污物清理干净。

连接钢筋时，将已拧套筒的上层钢筋拧到被连接的钢筋上，并用扭力扳手按表 6-6 规定的力矩值把钢筋接头拧紧，直至扭力扳手在调定的力矩值发出响声，并随手画上油漆标记，以防有的钢筋接头漏拧。

表 6-6　连接钢筋拧紧力矩值

钢筋直径/mm	16	18	20	22	25～28	32	36～40
扭紧力矩/(N·m)	118	145	177	216	275	314	343

第五节　直螺纹连接

直螺纹连接是在锥螺纹连接的基础上发展起来的一种钢筋连接形式，它与锥螺纹连接的施工工艺基本相似，但它克服了锥螺纹连接接头处钢筋断面削弱的缺点。

一、施工工艺

直螺纹连接接头制作工艺分为 3 个阶段：

①钢筋端部镦粗；

②切削直螺纹；

③用连接套筒对接钢筋。

钢筋镦粗用的镦头机能自动实现对中、夹紧、镦头等工序。

直螺纹套丝有专用机械，能严格保持丝头直径和螺纹精度的稳定性，保证与套筒良好的配合和互换性。

现场连接钢筋，利用普通扳手拧紧即可，无需控制力矩，方便快捷。

二、接头类型

直螺纹接头可分为 6 种，见表 6-7 所示。

表 6-7　直螺纹接头类型

序号	类型	使用场合
1	标准型	正常情况下连接钢筋
2	加长型	用于转动钢筋较困难的场合，通过转动套筒连接钢筋
3	扩口型	用于钢筋较难对中的场合
4	异径型	用于连接不同直径的钢筋
5	正反丝扣型	用于两端钢筋均不能转动而要求调节轴向长度的场合
6	加锁母型	钢筋完全不能转动，通过转动套筒连接钢筋，用锁母锁定套筒

标准型接头是最常用的。套筒长度均为 2 倍钢筋直径，以 ϕ25 mm钢筋为例，套筒长度为 50 mm，钢筋丝头长度 25 mm，套筒拧入一端钢筋，并用扳手拧紧后，丝头端面即在套筒中央，再将另一端钢筋丝头拧入并用普通扳手拧紧，利用两端丝头相互对鼎力锁定套筒位置(标准型套筒规格尺寸见表 6-8)。

表 6-8　标准型套筒规格尺寸

钢筋直径/mm	套筒外径/mm	套筒长度/mm	螺纹规格/mm
20	32	40	M25×2.5
22	34	44	M25×2.5
25	39	50	M29×3.0
28	43	56	M32×3.0
32	49	64	M36×3.0
36	55	72	M40×3.5
40	61	80	M45×3.5

扩口型接头是在连接套筒的一端增加 5～6 mm 长的 45°角的扩口段，以利钢筋对中入扣。

为了充分发挥钢筋母材的强度，连接套筒的设计强度大于等于钢筋抗拉强度标准值的 1.2 倍。

思考题

1. 试述钢筋的对焊工艺，对焊注意事项有哪些？
2. 试述钢筋的电渣压力焊工艺。
3. 钢筋直螺纹连接有哪几种接头类型？
4. 钢筋气压焊的操作程序有哪些？
5. 钢筋电渣压力焊的操作程序有哪些？
6. 电渣压力焊焊接接头质量通病及防治措施有哪些？
7. 试述钢筋气压焊操作工艺要点。

第七章　钢筋施工操作程序

第一节　钢筋绑扎的施工工艺

各种混凝土结构钢筋绑扎的施工操作程序分为准备、操作和检查3个阶段。

一、准备工作

钢筋绑扎应充分做好准备工作，才能保证质量和提高工效。一般应做好以下几项工作：

1. 熟悉施工图

施工图纸是钢筋绑扎、安装的依据。熟悉施工图上明确规定的钢筋安装位置、标高、形状、各细部尺寸及其他要求。

2. 核对钢筋配料单和料牌

要核对钢号、直径、形状、尺寸和数量，以及出厂合格证明、复验单，如有错漏，应纠正增补。

3. 备好机具、材料

如扳手、绑扎钩、小撬棍，绑扎铅丝、划线尺、保护层垫块，临时加固支撑、拉筋，以及双层钢筋需用的支架，搭设操作架子等。

4. 钢筋穿插顺序

对形式复杂、钢筋交错密集的结构部位，应先研究逐根钢筋穿插就位的先后顺序，以免造成不必要的返工。

5. 清扫与弹线

清扫绑扎地点，弹出构件中线或边线，在模板上弹出洞口线，必要时弹出钢筋位置线。

6. 做好互检、自检及交接检工作

在钢筋绑扎安装前，应会同施工员、木工等工种，共同检查模板尺寸、标高、预埋铁件，水、电、气管的预留工作。

二、钢筋绑扎的常用工具

1. 铅丝钩

铅丝钩是主要的钢筋绑扎工具，其基本形状如图 7-1a 所示。它是用直径 12～16 mm，长度 160～200 mm 的圆钢筋制作而成。为了利用铅丝钩扳弯小直径的钢筋，在铅丝钩末端加一个小扳口，形状如图 7-1b 所示；为了绑扎时铅丝钩旋转方便、不磨手，可在其尾部加上套管，形状如图 7-1c 所示；也有采用形状如图 7-1d 所示的铅丝钩。

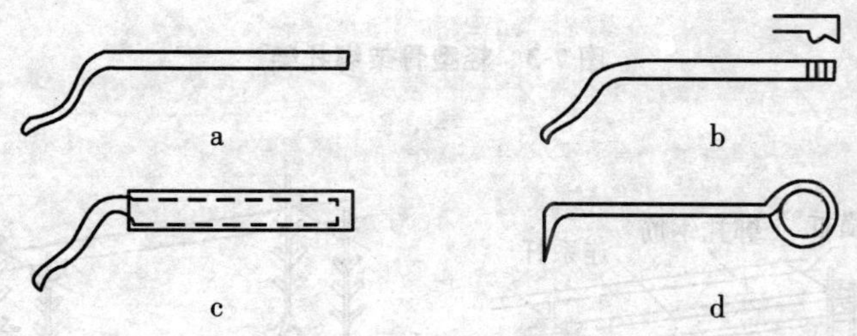

图 7-1　铅丝钩

2. 小撬棍

小撬棍是用来调整钢筋间距，矫直钢筋的部分弯曲，垫保护层垫块等的工具，如图 7-2 所示。

3. 绑扎架

为了确保绑扎质量，绑扎钢筋骨架必须用钢筋绑扎架，根据绑扎骨架的轻重、形状，可选用如图 7-3～图 7-5 所示的相应形式绑扎架。其中图 7-4a 为重型骨架绑扎架的一般形式,图 7-4b 为重型骨架绑扎架可调高度形式。

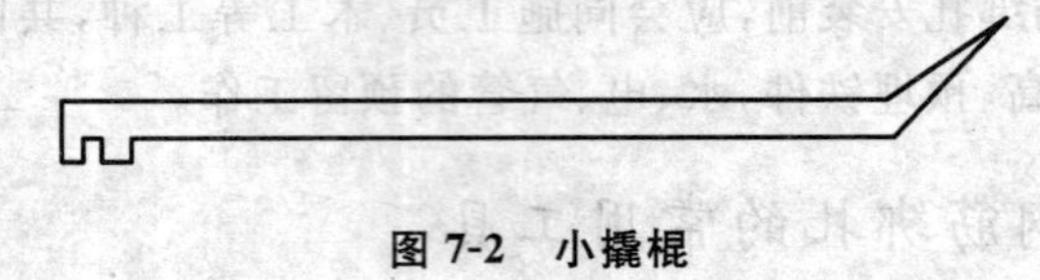

图 7-2 小撬棍

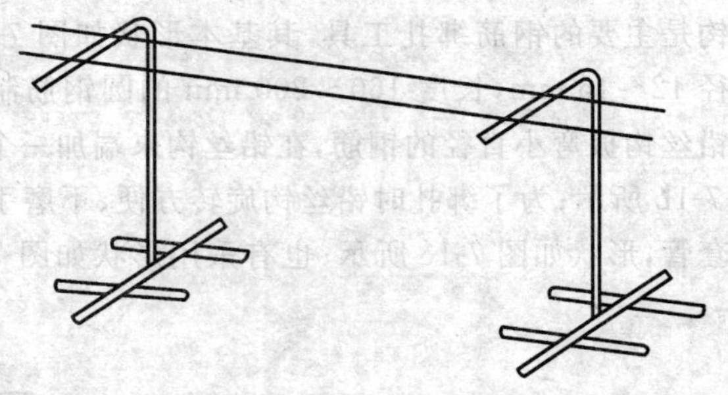

图 7-3 轻型骨架绑扎架

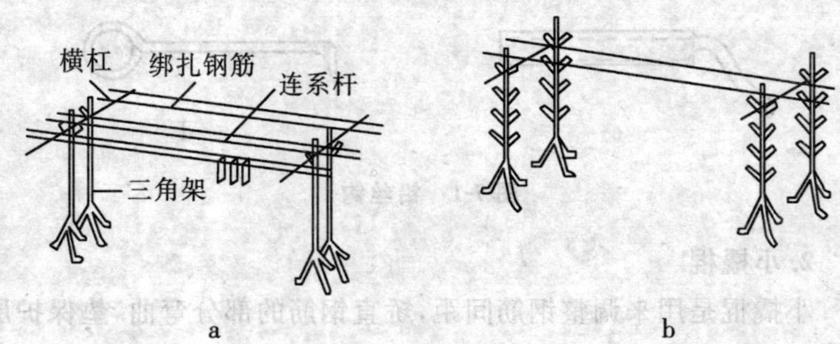

图 7-4 重型骨架绑扎架

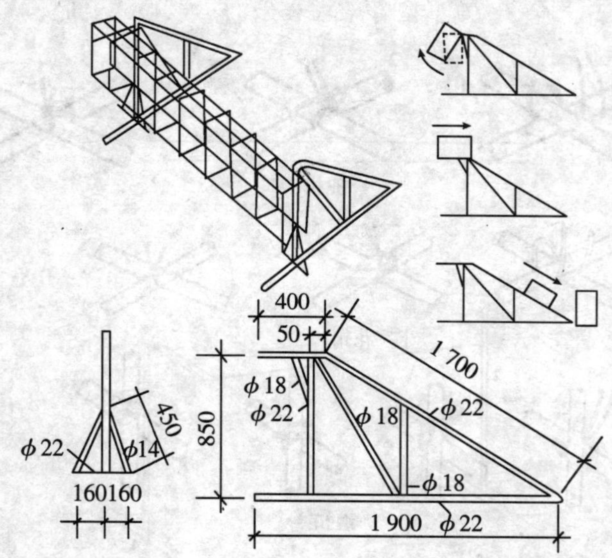

图 7-5　坡式骨架绑扎架

三、绑扎方法

1. 常用绑扎方法

钢筋的常用绑扎方法如图 7-6、图 7-7 所示。

①一面顺扣绑扎法，目前应用较为普遍。一面顺扣绑扎法的操作步骤：首先将已切断的绑扎铅丝在中间折成 180°的弯，然后将铅丝理得较为整齐，使每根铅丝在操作时很容易抽出，绑扎时执

图 7-6　钢筋一面顺扣绑扎法

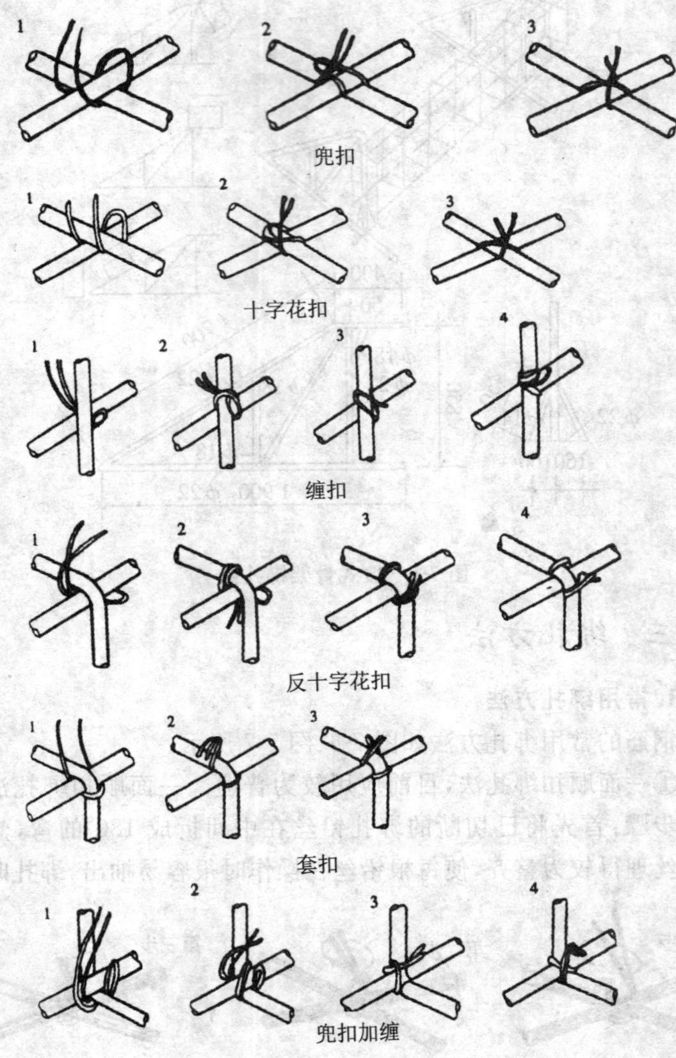

图 7-7 钢筋的其他绑扎方法

在左手的铅丝靠近钢筋绑扎点的底部，右手拿铅丝钩，食指压在钩前部，用钩尖端钩着铅丝底扣处，并紧靠铅丝开口端，绕铅丝拧转2圈半。在绑扎时铅丝扣伸出钢筋底部要短，并用钩尖将铅丝扣锤紧，这样可使铅丝扎得紧而且速度快。此方法适用于平面上扣很多的地方，如楼板等不易滑动的部位。

②十字花扣、兜扣适用于平板钢筋网和箍筋处绑扎。

③缠扣主要适用于墙钢筋网和柱箍。

④反十字花扣，兜扣加缠适用于梁骨架的箍筋和主筋的绑扎。

⑤套扣用于梁的架立筋和箍筋的绑扣处。

2. 钢筋绑扎用铁丝

钢筋绑扎主要使用规格为20～22号镀锌铁丝或绑扎钢筋专用的火烧丝。

一般绑扎直径12 mm以下钢筋时，宜用22号铁丝；绑扎直径12～25 mm钢筋时，宜用20号铁丝。

四、绑扎的一般规定

①钢筋的交叉点应用铁丝扎牢。

②板和墙的钢筋网，除靠近外围两行钢筋的相交点全部扎牢外，中间部分交叉点可相隔交错扎牢，必须保证受力钢筋不产生位置偏移。双向受力的钢筋，必须全部扎牢。

③梁和柱的箍筋，除设计有特殊要求外，应与受力钢筋垂直设置，箍筋弯钩叠合处，应沿受力钢筋方向错开设置。

④钢筋的绑扎接头应符合下列规定：

- 搭接长度的末端距钢筋弯折处，不得小于钢筋直径的10倍。
- 受拉区域内，HPB235级钢筋的末端应做成弯钩。
- 直径不大于12 mm的受压HPB235级钢筋以及轴心受压构件中任意直径的受力钢筋的搭接长度不应小于钢筋直径的

35 倍。

● 钢筋搭接处,应在中心和两端扎牢。

● 受拉钢筋绑扎接头的搭接长度,应符合表 7-1 的规定;受压钢筋绑扎,接头的搭接长度,应取受拉钢筋绑扎接头搭接长度的 0.7 倍。

表 7-1　受拉钢筋最小绑扎搭接长度

钢筋类型		混凝土强度等级			
		C15	C20－25	C30－35	C40
光圆钢筋	HPB235 级	45*d*	35*d*	30*d*	25*d*
带肋钢筋	HRB335 级	55*d*	45*d*	35*d*	30*d*
	HRB400 级 HRB500 级	—	55*d*	40*d*	35*d*

⑤绑扎和安装钢筋时,一定要保证主筋的混凝土保护层厚度。

⑥绑扎的钢筋网或钢筋骨架,不得有变形、松脱。

五、钢筋绑扎的施工操作程序

各种结构的操作程序略有区别,下面介绍几种结构钢筋绑扎的施工操作程序。

1. 独立基础

(1)操作程序。划线→摆放钢筋→绑扎→放置垫块或撑脚。

(2)操作要点。

①绑扎基础钢筋网必须保证受力钢筋不产生位置偏移。

②相邻绑扎点的铁丝扣要成八字形,以免网片歪斜变形。

③基础底板采用双层钢筋网时,在上层钢筋网下应每隔 80～100 cm 放置撑脚,以保证钢筋位置正确(图 7-8)。

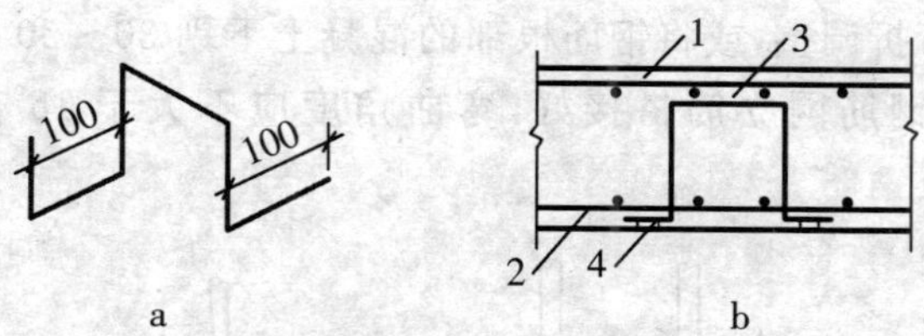

图 7-8　钢筋撑脚

a 钢筋撑脚；b 撑脚位置
1—上层钢筋网；2—下层钢筋网；3—撑脚；4—水泥垫块

④单层钢筋的弯钩应朝上，双层钢筋网的上层钢筋的弯钩应朝下。

⑤对于独立柱基础钢筋，一般短边的钢筋应放在长边的上面。

⑥现浇柱与基础连接用的插筋，其箍筋应比柱的箍筋缩小一个箍筋直径，以便连接。

2. 条形基础

(1)操作程序。绑扎底板网片→绑扎条形骨架。

(2)操作要点。

①绑扎时，在支模前先用绑扎架架起上下纵筋。

②套入全部箍筋，从绑扎架上放下下部纵筋，拉开箍筋，按划线距离就位。

③将上下纵筋排列均匀，进行绑扎。

④绑扎成型后抽出绑扎架，把骨架放在底板网片上，进行绑扎，连成整体。

3. 大模板墙体钢筋绑扎操作程序

(1)操作程序。

①根据所弹出的墙轴线，整理好下层墙体或基础伸出的搭接钢筋。

②把变形的钢筋理直，并将松动的混凝土清除。

③若下层预留伸出钢筋位置偏差较大，应经设计单位签证同

意，进行弯折调整，或将钢筋根部的混凝土下剔 30～50 mm，并缓慢弯曲与钢筋网立筋搭接好，弯曲角度应不大于 15°，如图 7-9 所示。

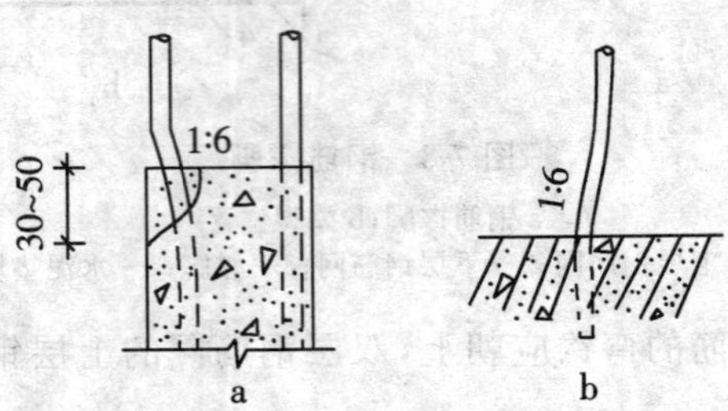

图 7-9 墙体钢筋位置偏移调整示意图

a 调整前；b 调整后

(2)操作要点。双层钢筋时，先绑扎先立模板一侧的钢筋。绑扎时，在横筋长度范围内先立 2～4 根竖筋，竖筋要垂直，弯钩背向模板，与下层伸出钢筋绑扎牢，接头范围内绑扎 3 扣，上下端和中间各 1 扣，用色笔画好横筋分档标志，在下部及齐胸处各绑一根横筋，固定位置，在齐胸处横筋上用色笔画竖筋分档标志，然后依次绑扎其余竖筋，最后由上而下绑扎其余横筋。横筋的绑扎宜用十字花扣，每米左右应加用一个缠扣，以防钢筋下滑。

4. 现浇框架柱钢筋绑扎

①对基础或下层伸出钢筋进行整理，如有锈皮、水泥浆和污垢清理干净，并进行理直，若发现伸出钢筋位置与设计要求位置出入大于允许偏差，应进行调整。

②按图纸要求计算好每根(段)柱子所要箍筋数量，按箍筋接头交错布置原则先理好，一次套在伸出筋上，然后立竖筋。竖筋和伸出筋的接头方法可采用绑扎、焊接、机械连接等。绑扎搭接绑扣不得少于 3 扣(应在接头中心和两端用铁丝扎牢)，绑扣朝里，便于箍筋向上移动，若竖筋是圆钢，搭接时弯钩朝柱心，四角钢筋弯钩

应与模板成 45°,中部竖筋的弯钩应与模板成 90°,不应向一侧歪斜。圆形柱钢筋弯钩应与模板切线垂直。

③在立好的竖筋上用色笔画出箍筋间距,然后将套好的箍筋往上移动,由上往下绑扎,四角宜用缠扣。

④箍筋绑扎时注意以下几点:

- 箍筋转角与主筋交点均要绑扎,主筋与箍筋非转角部分交点可用梅花式交错绑扎。箍筋的接头(即弯钩叠合处)应沿柱子竖向交错布置(图 7-10)。

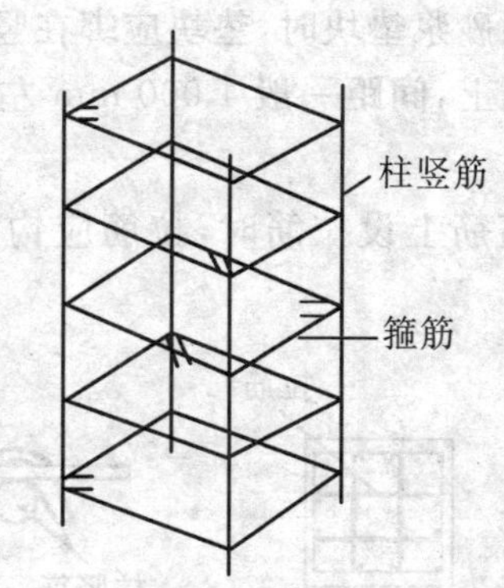

图 7-10 箍筋接头交错布置示意图

- 有抗震要求的柱子,箍筋弯钩应弯成 135°,平直部分长度不小于 10 d,如图 7-11 所示。

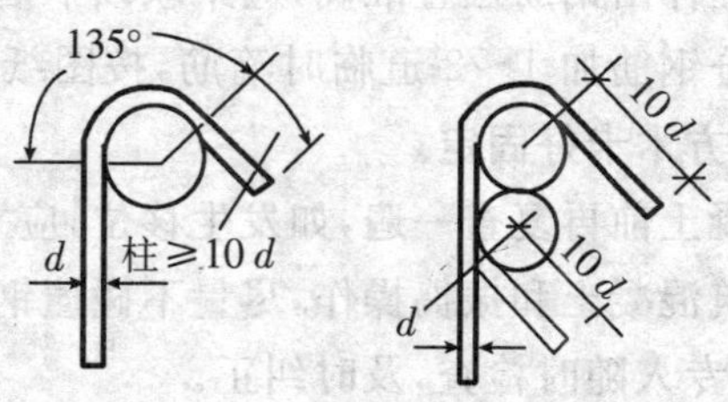

图 7-11 柱箍筋弯钩 135°示意图

● 柱基、柱顶、梁柱交接处，箍筋间距应按设计要求加密。

⑤受力钢筋接头位置不宜位于最大弯矩处，并应互相错开。在绑扎接头任一搭接长度区段内的受力钢筋截面面积占受力钢筋总截面面积百分率应符合受拉区不得超过25%，受压区不得超过50%的规定。

⑥绑扎接头长度应符合设计要求。如设计无明确要求时，纵向受拉钢筋接头长度应按表7-1规定采用。受压钢筋绑扎接头的搭接长度应按表7-1规定数值的0.7倍采用。

⑦垫保护层。用砂浆垫块时，垫块应绑在竖筋外皮上，用塑料卡时应卡在外排钢筋上，间距一般1 000 mm左右，以保证主筋保护层厚度的正确。

⑧设计要求在箍筋上设拉筋时，拉筋应钩住箍筋，如图7-12所示。

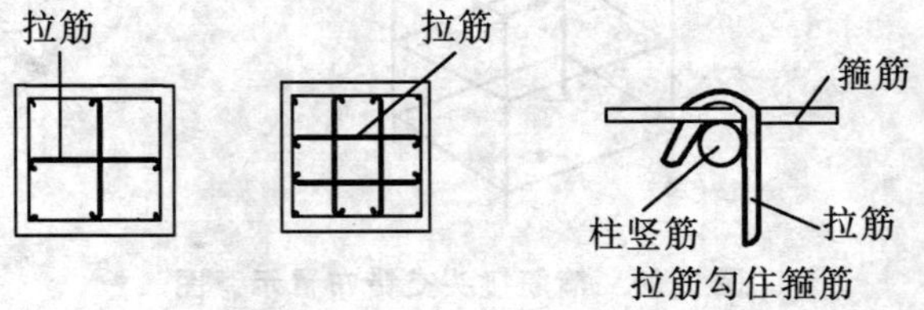

图7-12 柱拉筋示意图

⑨为保证柱伸出钢筋位置准确，应采取以下措施：

● 外伸部分钢筋加1～2道临时箍筋，按图纸位置安好，然后用样板、铁卡或方木卡好固定。

● 浇筑混凝土前再复查一遍，如发生移位，应立即校正。

● 注意浇筑混凝土和振捣操作，尽量不碰撞钢筋，在混凝土浇捣过程中，应有专人随时检查，及时纠正。

5. 现浇楼盖钢筋绑扎

(1)施工顺序。现浇楼盖钢筋绑扎施工顺序如图7-13所示。

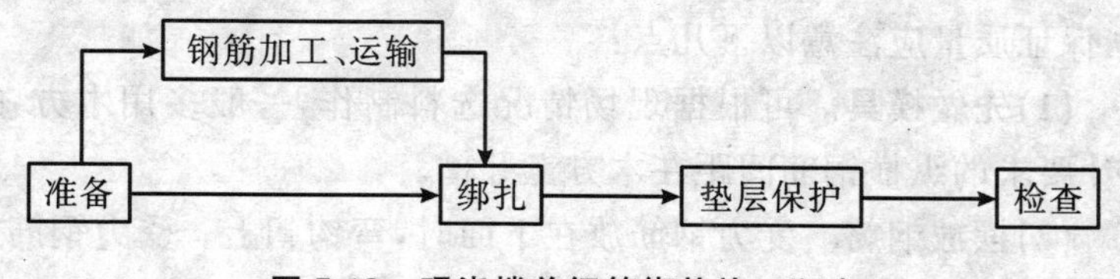

图 7-13　现浇楼盖钢筋绑扎施工顺序

(2)施工准备工作。

①准备工具、用具及所需材料。

②清扫模板上垃圾(如刨花、碎木块、电线管头等杂物)。

③弹线或用粉笔在模板上画好主筋和分布筋间距。

(3)绑扎操作要点。

①按画线间距摆放钢筋,先摆受力筋,后放分布筋。预埋件、线管、预留孔及时配合。

②绑扎。单向板外围两根钢筋的相交点,应全部绑扎,中间点可隔点交错绑扎;双向板钢筋相应点应全部绑扎。绑扎一般用一顺扣或八字扣。

③双层钢筋的板先下层后上层,两层钢筋之间,须加钢筋支架,间距 1 m 左右,并和上下层钢筋联成整体,以保证上层钢筋的位置。

④垫保护层。一般每平方米用 1 个保护层砂浆垫块或塑料垫块,垫在主筋下面,厚度应符合设计要求。

第二节　钢筋网片与骨架的安装

一、钢筋网片的安装

钢筋网片一般分为焊接网和绑扎网。

绑扎网片一般多为形状规则,同规格数量多的基础、板、墙等构件的钢筋网片。其操作程序与现场绑扎基本相同。为提高工

效,保证质量应注意以下几点:

(1)先做模具。可根据现场情况选料制作,一般多用木方,按设计要求的纵横钢筋间距在木方上开槽。

(2)摆放钢筋。受力钢筋放在下面时,弯钩朝上。受力钢筋放在上面时,弯钩朝下。

(3)绑扎。当钢筋网为单向受力钢筋的构件时,只需将外围两行的交叉点绑扎,中间部分可梅花点绑扎;双向受力钢筋网,每个交点均应绑扎。用一面顺扣绑扎时,要交错方向绑扎,为防止松扣,可适当加一些十字花扣或缠扣。

(4)临时拉结筋。为保证绑好的钢筋网在堆放、搬运、起吊和安装过程中不发生歪斜、扭曲,除增加绑扣外,可用钢筋斜向拉结临时固定,安装后拆除拉结筋。

二、骨架的安装

为加快施工进度,减少高空和现场绑扎作业,对于形状比较规则,同类型号数量较多的预制构件及现浇构件(梁、柱、桩、槽、板、杆),在起重运输条件允许的情况下,经常采用在加工场地预制钢筋骨架,然后安装。钢筋骨架的制作,应根据设计对钢筋骨架的具体要求合理划分骨架的预制和绑扎部位,考虑节点的预制程度,以便使骨架安装时合理穿插、拼接。在预制钢筋骨架安装时,要注意结构平面图中构件代号,要对号入座,按号入模。

预制绑扎好的钢筋骨架不允许变形,这就需要在运输和安装过程中采取措施。起吊时要正确选择吊点。比较短的钢筋骨架,可在骨架距两端 1/4 处设吊索。骨架长度较大时,可采用两根等长的吊索,分别兜系在距端头 1/6 和 2/6 处,使 4 个吊点平衡受力。如图 7-14 所示。为缩短吊索长度,并减少吊索对钢筋骨架产生的水平压力,可以在吊钩处增加横吊梁。吊钩可钩挂在钢筋骨架内的短钢筋上,这样可以不用兜吊,并能防止骨架变形,如图7-15所示。

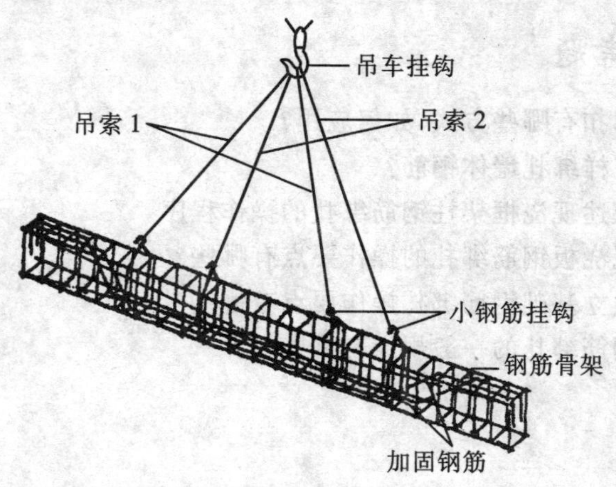

图 7-14　钢筋骨架起吊

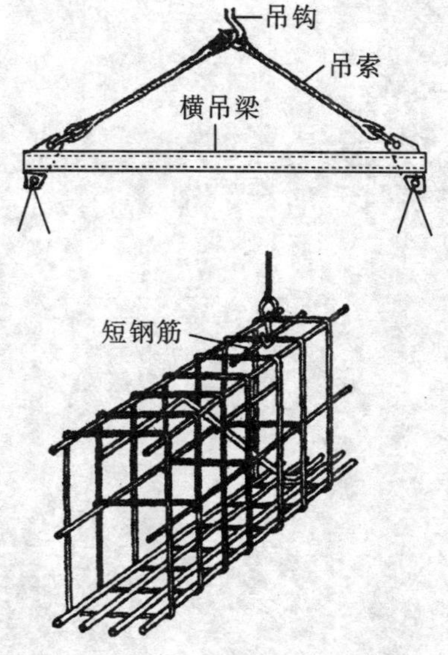

图 7-15　加横吊梁起吊钢筋骨架

思考题

1. 绑扣有哪些方式，如何应用？
2. 怎样绑扎墙体钢筋？
3. 叙述现浇框架柱钢筋绑扎的操作程序。
4. 现浇板钢筋绑扎的操作要点有哪些？
5. 独立基础钢筋绑扎操作要点有哪些？
6. 钢筋绑扎的一般规定有哪些？

第八章　钢筋工程质量

第一节　钢筋工程质量的检验

钢筋工程质量的好坏直接影响着混凝土工程甚至整个工程的质量与安全。为了把好质量关，必须了解和掌握钢筋工程质量的有关要求和评定标准。

一、工程质量验收的划分

建筑工程质量验收划分为单位（子单位）工程、分部（子分部）工程、分项工程和检验批。

1. 检验批合格质量应符合下列规定

①主控项目的质量经抽样检验合格。

②一般项目的质量经抽样检验合格；当采用计数检验时一般项目的合格点率应达到80％及以上，且不得有严重缺陷。

③具有完整的施工操作依据、质量检查记录。

2. 分项工程合格质量应符合下列规定

①分项工程所含的检验批均应符合合格质量的规定。

②分项工程所含的检验批的质量检查记录应完整。

二、钢筋工程质量检验项目

1. 原材料

①钢筋进场时，应按现行国家标准《钢筋混凝土用热轧带肋钢筋》GB 1499 等的规定抽取试件作力学性能检验，其质量必须符合

有关标准的规定。

②对有抗震设防要求的框架结构，其纵向受力钢筋的强度应满足设计要求；当设计无具体要求时，对一、二级抗震等级，检验所得的强度实测值应符合下列规定：

• 钢筋的抗拉强度实测值与屈服强度实测值的比值不应小于1.25。

• 钢筋的屈服强度实测值与强度标准值的比值不应大于1.30。

③当发现钢筋脆断、焊接性能不良或力学性能显著不正常等现象时，应对该批钢筋进行化学成分检验或其他专项检验。

④钢筋应平直、无损伤，表面不得有裂纹、油污、颗粒状或片状老锈。

2. 钢筋加工

①受力钢筋的弯钩和弯折应符合下列规定。

• HPB235 级钢筋末端应作 180°弯钩，其弯弧内直径不应小于钢筋直径的 2.5 倍，弯钩的弯后平直部分长度不应小于钢筋直径的 3 倍；

• 当设计要求钢筋末端需作 135°弯钩时，HRB335 级、HRB400 级钢筋的弯弧内直径不应小于钢筋直径的 4 倍，弯钩的弯后平直部分长度应符合设计要求；

• 钢筋不大于 90°的弯折时，弯折处的弯弧内直径不应小于钢筋直径的 5 倍。

②箍筋的末端应作弯钩。

• 对有抗震等要求的结构，应为 135°。

• 平直部分长度，对有抗震要求的结构，不应小于箍筋直径的 10 倍。

③钢筋调直宜采用机械方法，也可采用冷拉方法。当采用冷拉方法调直钢筋时，HPB235 级钢筋的冷拉率不宜大于 4%，

HRB335级、HRB400级和RRB400级钢筋的冷拉率不宜大于1%。

④钢筋加工的形状、尺寸应符合设计要求，其偏差应符合表8-1的规定。

表8-1　钢筋加工的允许偏差

项　目	允许偏差/mm
受力钢筋顺长度方向全长的净尺寸	±10
弯起钢筋的弯折位置	±20
箍筋内净尺寸	±5

3. 钢筋连接

①纵向受力钢筋的连接方式应符合设计要求。

②钢筋的接头宜设置在受力较小处。同一纵向受力钢筋不宜设置2个或2个以上接头。接头末端至钢筋弯起点的距离不应小于钢筋直径的10倍。

③当受力钢筋采用机械连接接头或焊接接头时，设置在同一构件内的接头宜相互错开。

同一连接区段内，纵向受力钢筋的接头面积百分率应符合设计要求；当设计无具体要求时，应符合下列规定：

- 在受拉区不宜大于50%。
- 接头不宜设置在有抗震设防要求的框架梁端、柱端的箍筋加密区；当无法避开时，对等强度高质量机械连接接头，不应大于50%。
- 直接承受动力荷载的结构构件中，不宜采用焊接接头；当采用机械连接接头时，不应大于50%。

④纵向受力钢筋采用绑扎搭接接头时接头宜相互错开。绑扎搭接接头中钢筋的横向净距不应小于钢筋直径，且不应小于25 mm。

同一连接区段内,纵向受拉钢筋搭接接头面积百分率应符合设计要求;当设计无具体要求时,应符合下列规定:

- 对梁类、板类及墙类构件,不宜大于 25%。
- 对柱类构件,不宜大于 50%。
- 纵向受力钢筋绑扎搭接接头的最小搭接长度应符合规定。

4. 钢筋安装

钢筋安装时,受力钢筋的品种、级别、规格和数量必须符合设计要求。

钢筋安装位置的偏差应符合表 8-2 的规定。

表 8-2 钢筋安装位置的允许偏差和检验方法

<table>
<tr><th colspan="3">项 目</th><th>允许偏差/mm</th><th>检验方法</th></tr>
<tr><td rowspan="2">绑扎钢筋网</td><td colspan="2">长、宽</td><td>±10</td><td>钢尺检查</td></tr>
<tr><td colspan="2">网眼尺寸</td><td>±20</td><td>钢尺量连续三档,取最大值</td></tr>
<tr><td rowspan="2">绑扎钢筋骨架</td><td colspan="2">长</td><td>±10</td><td>钢尺检查</td></tr>
<tr><td colspan="2">宽、高</td><td>±5</td><td>钢尺检查</td></tr>
<tr><td rowspan="5">受力钢筋</td><td colspan="2">间距</td><td>±10</td><td rowspan="2">钢尺量两端、中间各一点,取最大值</td></tr>
<tr><td colspan="2">排距</td><td>±5</td></tr>
<tr><td rowspan="3">保护层厚度</td><td>基础</td><td>±10</td><td>钢尺检查</td></tr>
<tr><td>柱、梁</td><td>±5</td><td>钢尺检查</td></tr>
<tr><td>板、墙、壳</td><td>±3</td><td>钢尺检查</td></tr>
<tr><td colspan="3">绑扎箍筋、横向钢筋间距</td><td>±20</td><td>钢尺量连续三档,取最大值</td></tr>
<tr><td colspan="3">钢筋弯起点位置</td><td>20</td><td>钢尺检查</td></tr>
<tr><td rowspan="2">预埋件</td><td colspan="2">中心线位置</td><td>5</td><td>钢尺检查</td></tr>
<tr><td colspan="2">水平高差</td><td>+3,0</td><td>钢尺和塞尺检查</td></tr>
</table>

第二节　钢筋工程的质量通病及防治措施

1. 钢筋表面锈蚀

(1)原因:保管不善,受到雨雪侵蚀;存放时间过长;存放环境潮湿,通风不良。

(2)防治措施:钢筋不得直接堆放在地面上,必须用混凝土墩、砖或垫木垫起 20 cm 以上。库存期限不宜过长,原则上先进库的先使用。

2. 钢筋原材品种、等级混杂不清

(1)原因:材料员对原材管理不善,制度不严。

(2)防治措施:加强管理,堆放有序,做好材料标志。

3. 钢筋全长有一处或数处"慢弯"

(1)原因:运输时装车不注意,运输车辆较短,条状钢筋弯折过度。用吊车卸车时吊点不准,堆放压垛过重。

(2)防治措施:改良运输工具,尽量采用吊架装卸车,如用钢丝绳捆绑,装卸时的位置要合适。堆放时不能过高,不准其上放置其他重物。对已弯折的钢筋可用机械或手工调直。

4. 成型钢筋变形

(1)原因:地面不平,堆放时过高压弯,搬运方法不当或搬运过于频繁。

(2)防治措施:成型后或搬运堆放要找平场地,轻抬轻放,搬运车辆应合适,垫块位置恰当,最好单层堆放,如重叠堆放以不压变形下面钢筋为准,并按使用先后堆放,避免翻堆。若变形偏差太大不符合要求,应校正或重新制作。

5. 同截面钢筋接头过多

表现为在已绑扎或安装的钢筋骨架中发现同一截面内受力钢

筋接头太多，其截面面积占受力钢筋总截面面积的百分率超出规范规定数值。

(1)原因：

• 钢筋配料技术人员配料时，疏忽大意，没有认真考虑原材料长度。

• 不熟悉有关绑扎、焊接接头的规定。

• 没有分清钢筋位于受拉区或受压区。

(2)防治措施：

• 配料时首先要仔细了解钢材原材料长度，再根据设计要求，选择搭配方案。

• 分清受拉区和受压区，若分不清，都按受拉区设置搭接接头。

• 轴心受拉和轴心受压构件中的钢筋接头，均采取焊接接头。

• 现场绑扎时，配料人员要作详细交底，以免放错位置。若发现接头数量不符合规范规定，但未进行绑扎，应再重新指定设置方案，已绑扎好的，一般情况下应拆除骨架，重新配制绑扎的措施，或抽出个别有问题的钢筋，返工重做。

6. 负弯矩钢筋歪斜

现浇肋形楼板负弯矩钢筋歪斜，甚至倒垂在下部受力钢筋上，表现为已绑扎好的肋形楼板四周和梁上部的负弯矩钢筋被踩斜。

(1)原因：一是绑扎不牢；二是只有几根分布筋连接，整体性差，施工中不注意人为碰撞。

(2)防治措施：负弯矩钢筋按设计图纸定位，绑扎牢固，适当放置钢筋支撑，将其与下部钢筋连接，形成整体，刚浇注混凝土时，采取保护措施，避免人员踩压。对已被压倒的负弯矩钢筋，浇注混凝土前应及时调整复位加固，不能修整的钢筋应重新制作。

7. 露筋

结构或构件拆模时发现混凝土表面有钢筋露出。

(1)原因:保护层垫块垫得太稀或脱落;由于钢筋成型尺寸不准确,造成骨架外形尺寸偏大。局部抵触模板;振捣混凝土时振动器撞击钢筋,使钢筋位移或引起绑扣松散。

(2)防治措施:垫块适量可靠,竖向钢筋可采用埋有铁丝的垫块,绑在钢筋骨架外侧,同时为使保护层厚度准确,应用铁丝将钢筋骨架拉向模板,将垫块挤牢;严格检查钢筋的成型尺寸;模外绑扎钢筋骨架时要控制好它的外形尺寸,不得超过允许偏差。

8. 电弧焊接头尺寸不准

(1)表现:

- 帮条及搭接接头焊缝长度不足;
- 帮条沿接头中心成纵向偏移;
- 接头处钢筋轴线弯折和偏移;
- 焊缝尺寸不足或过大。

(2)原因:主要是施焊前准备工作没有做好,操作比较马虎,预制构件钢筋位置偏移过大,钢筋下料不准。

(3)防治措施:预制构件制作时,应严格控制钢筋的相对位置;钢筋下料和校对应由专人负责,施焊前认真检查,确认无误后,先点焊控制位置,然后正式焊接。焊接人员必须通过考试,持证上岗。

9. 弯起钢筋的放置方向错误

(1)表现:弯起钢筋方向不对,弯起的位置不对。

(2)原因:事先没有对操作人员认真地交底,造成操作错误,或在钢筋骨架入模时,疏忽大意。

(3)防治措施:对类似发生操作错误的问题,事先应对操作人员作详细的交底,并加强检查与监督,或在钢筋骨架上挂提示牌,提醒安装人员注意。

10. 钢筋搭接长度不够

(1)表现:钢筋绑扎或搭接焊时,搭接长度不够,满足不了设计的要求。

(2)原因:现场操作人员对钢筋搭接长度的要求不了解,特别是对新规范不熟悉。

(3)防治措施:提高操作人员对钢筋搭接长度必要性的认识和掌握搭接长度的标准,操作时对每一个接头应逐个测量,检查搭接长度是否符合要求。

11. 钢筋保护层垫块设置不合格

(1)原因:

- 垫块厚度不足;
- 垫块厚度过厚;
- 垫块未放置好;
- 垫块强度不足、脆裂;
- 忘记放置垫块。

(2)防治措施:

- 为确保保护层的厚度,钢筋骨架要垫砂浆垫块或塑料定位卡,其厚度应根据设计要求的保护层厚度来确定。
- 骨架内钢筋与钢筋之间间距为 25 mm 时,宜用 25 mm 的钢筋控制,其长度同骨架宽。所用垫块与 25 mm 的钢筋头之间的距离宜为 1 m,不超过 2 m。
- 对于双向双层板钢筋,为确保钢筋位置准确,要垫铁马凳,间距 1 m。

思考题

1. 钢筋工程质量检验批应符合哪些规定?
2. 对钢筋原材料应进行哪些项目的质量检验?
3. 钢筋连接有哪些要求?
4. 钢筋安装允许偏差项目包括哪些内容?
5. 钢筋工程有哪些常见缺陷?怎样防治?

第九章　施工安全知识

建筑施工的安全生产是关系到职工的人身安全和企业生存发展的大事。要减少、杜绝安全事故的发生，就一定要很好地了解和掌握安全知识。

第一节　一般知识

一、安全法规常识

①工人上岗前要与用工单位签订劳动合同，保障自己的合法权益。

②新入场劳动的工人必须进行上岗前的"三级"安全教育，即：公司教育、项目教育、班组教育。

③特种作业人员必须经过专业安全培训，取得特种作业资格证书后持证上岗。

④发生事故要立即向上级主管部门报告，不得隐瞒。

二、劳动保护常识

①正确佩戴安全帽，必须注意安全帽帽壳与帽衬不能紧贴，应有一定的空隙，佩戴时必须系紧下颚带，起到对头部的保护作用。

②凡直接从事带电作业的劳动者，必须穿绝缘鞋，戴绝缘手套，防止发生触电事故。

三、高处作业安全常识

①从事高空作业人员必须经过专门培训，经考试合格后，持证上岗。高空作业人员两眼视力不低于1.0，无色盲，无听觉障碍，无高血压、心脏病、癫痫、眩晕和突发性昏厥等疾病和妨碍登高架设作业的生理缺陷。高空作业人员要定期体检，为不符合高空作业条件的人员，调换其他工作。

②正确使用防护用品，进入现场必须戴安全帽，在没有防护措施的高处、悬崖、陡坡施工时必须系安全带，无处系安全带时，必须加设安全拉绳或安全扶手等措施。高空作业衣着要灵便，禁止赤脚和穿硬底鞋、拖鞋、带钉易滑鞋从事高空作业。

③高空作业人员应具备工具袋，使用的工具要放在工具袋内，材料或其他工具应传递，严禁抛掷。

④在恶劣的气候条件下（大雨、大风、大雾）禁止从事高空作业。暴风雨前后，对脚手架、起重提升设备进行整体检查，发现倾斜、变形、下沉等现象及时修理加固，有危险时必须排除才能使用。

⑤作业人员在进行上下立体交叉作业时，不得在上下垂直面上作业。下层作业位置必须处于上层作业物体可能坠落的范围以外；当不能满足时，上下层之间应设隔离防护层，下方人员必须戴安全帽。

四、垂直运输设备安全常识

使用龙门架、井架运散料应装箱或装笼，运长料时长料不得超出吊篮。在吊篮内放置物料时，应捆绑紧，防止坠落。严禁乘坐龙门架、井架上下楼层，要走楼梯、专用斜道或载客电梯上下。

五、临时用电安全常识

(1)现场临电线路采用三相五线制。用电设备做到一机一闸，一漏一箱。施工现场的每台用电设备都应该有自己专用的开关箱，箱内刀闸（开关）及漏电保护器只能控制 1 台设备，不能同时控制 2 台或 2 台以上的设备，否则容易发生误操作事故。

(2)电器设备和线路必须绝缘良好。施工现场所有电器设备和线路必须绝缘良好，接头不准裸露。当发生有裸露或破皮漏电时，应及时报告，不得擅自处理以免发生触电事故。

(3)电动机械设备的检查。现场的电动机械设备包括：电锯、电钻、卷扬机、搅拌机、钢筋切割机、钢筋拉伸机等。为确保运行的安全，作业前必须按规定进行检查，试运行；作业完，拉闸断电，锁好电闸箱。防止发生意外安全事故。

(4)施工现场安全电压照明。施工现场室内的照明线路与灯具的安装高度低于 2.4 m 时，应采用 36 V 安全电压；施工现场使用的手持照明灯必须有防护罩，电压应采用 36 V 安全电压。在 36 V 电线上也严禁乱搭乱挂。

第二节　安全技术

一、钢筋加工安全技术

1. 钢筋平直和张拉的安全要求

①用卷扬机拉直钢筋和钢丝时，操作前必须检查所用机具及平直设备是否正常，冷拉区域有无障碍物。操作时，在缺少安全挡板的情况下，操作人员必须站离钢筋两侧 2 m 以外，并不得在两端停留。

②使用绞盘拉直钢筋时，应事先检查地锚的牢固程度是否符合要求。在展直盘条时，应一头卡住，防止回弹和背扣；在剪断时，应先用脚踩住，以免钢筋崩人。

③使用张拉设备张拉钢筋时，应注意下面的安全事项：

- 千斤顶、高压油泵等张拉设备完好，工作正常，不允许超负荷运转，安全设施应符合规定。

- 张拉钢筋应严格按照事先计算确定的应力值或伸长率进行，不得随意改动。
- 在张拉时，各种锚、夹具要有足够的夹紧能力，防止钢筋或部件滑出伤人。
- 在操作过程中，如发生故障，应立即切断电源进行检修，待检修合格后方可继续工作。

2. 钢筋切断的安全要求

①在人工下料前，应检查大锤、克子的安装是否牢固；打锤时，掌锤和掌克子的人应在对准克子后，脸略偏转，以防出现意外。

②在截短料时，不准用手扶，要有 1 m 以上的套管压住钢筋后才能断料。

③使用钢筋切断机切断钢筋时，应事先检查机械的各部件是否完好。所切断钢筋的规格、品种是否与机械性能一致。操作中，应握紧钢筋，防止末端摆动伤人。禁止在机械运转时用手清除刀口附件上的断头或杂物。

3. 钢筋弯曲成型安全要求

①采用人工弯曲时，首先要检查扳子卡口的方正和卡盘、扳手是否牢固。在操作中，扳子要放平，靠近扳口的人要压住扳子，防止扳子滑脱伤人。

②使用弯曲机时，应先检查机械是否完好，机械技术性能是否与所弯钢筋一致，检查倒顺开关使用是否灵活。

③操作场所地面要平整，及时清除积水、积雪及铁丝等杂物。

二、钢筋焊接安全技术

1. 电焊焊接安全技术

(1)对焊接电源和电焊设备的安全要求。

①对焊接电源的安全要求。

• 焊接机械的电源部分要妥善保护，防止因操作不慎使钢筋与电源接触。不允许两台焊接机械使用同一个电源闸刀。

• 焊接电源的控制装置（如熔断器或自动断电装置等）必须是独立的，容量应符合焊接电源的要求。

• 焊机的所有外露带电部分，必须有完好的隔离保护装置。

• 焊机的线圈和线路带电部分对外壳和对地之间，焊接变压器的一次线圈与二次线圈之间，相线与相线之间，都必须符合绝缘标准要求。

②对电焊设备的安全要求。

• 焊机的结构必须牢固和便于维修。焊机各接触件和连接件应连接牢固，不得松动。

• 焊接机械必须做好保护接零装置。

• 焊钳和焊枪应有良好绝缘性能和隔热能力，以防触电及发热烫手。

• 焊钳和焊枪与电缆的连接必须牢靠，连接处不得外露，以防触电。

• 焊接电缆应具有良好的导电能力和绝缘外层，以及较好的抗机械损伤能力，一般电缆长度取 20～30 m 为宜。

(2)电焊操作安全要求。

①焊接机械必须经过调整试转正常后，方可正式使用。焊机必须由专人使用和管理，非专职人员不得擅自操作。

②雨天在室外操作应搭设临时防雨棚，在停止工作或检查、调整焊接变压器级次时，应将电源切断。在对焊机、电焊机操作地点宜铺设木地板。

③焊工必须穿戴好劳动保护用品，在焊机的闪光区域内需设遮挡设备，以防火花灼伤和弧光伤害眼睛。

④在狭小空间、容器和管道等处工作时，为防止触电，必须穿绝缘鞋，脚下垫橡皮垫，最好两人轮换工作，以便互相照看，出现危

情，应立即切断电源进行抢救。

⑤钢筋焊接工作房应尽可能用防火材料搭建，焊机的上方设防火固定式顶罩。

⑥焊接机械四周严禁堆放易燃物品，以免引起火灾。焊接车间及焊接现场应有消防设施。焊工操作时，如工作地点潮湿，地面应铺设橡胶板或其他绝缘材料，身体出汗而使衣服潮湿时，切忌在带电的钢板或工作件上工作，谨防触电。

⑦焊工操作时，要带橡皮手套，不得赤手操作。

2. 钢筋气压焊安全技术

(1)气压焊操作人员必须遵守以下安全使用危险品的有关规定：

①氧气瓶与乙炔瓶所放的位置，距离火源不得少于 10 m。

②乙炔瓶应放在空气流通好的地方，并立放固定使用，严禁卧放使用和将瓶放在高压线下使用。

③施工现场不得有易燃易爆物品。

④气压焊装置要经常检查和维修，防止漏气。对供气设备要经常检查，凡不符合高压容器使用要求的容器，严禁使用。

⑤氧气瓶和乙炔瓶低温冻结时，只能用 40℃ 的温水解冻，不准使用火烤。同时应注意不得将氧气瓶和乙炔瓶放在日光直射或高温处工作，环境温度不得超过 35℃。

⑥使用乙炔瓶时，必须配备专用的乙炔减压器和回火防止器。

(2)气压焊的安全操作要点：

①瓶阀的开启要缓慢平稳，以防止气体损坏减压器。

②点火前，检查加热器是否有抽吸力，有抽吸力时，才能接乙炔管进行点火。如无抽吸力，说明喷嘴处有故障，必须对加热器进行检修，直至有抽吸力时，才能点火。

③工作过程中发生回火时，要立即关闭氧气阀门，随后关闭乙

炔阀门。重新点火前,要用氧气将混合管内的残余气体吹净后方可进行。

④乙炔气体使用压力不得超过 0.15 MPa,输气流速不超过 1.5～2 m^3/h,当需要较大气量时,可将多个乙炔瓶并联起来使用。

⑤氧气瓶和乙炔瓶都不能用净,氧气瓶剩余压力应在 0.1～0.2 MPa 以上;乙炔瓶应在 0.1～0.3 MPa 以上。

⑥停止工作时,必须检查加热器的混合管内是否有窝火现象,待没有窝火现象后,方可收起加热器。

三、钢筋绑扎与安装的安全技术

1. 钢筋运输和堆放的安全要求

①人力抬运钢筋时应动作一致,在起落、停止或上下坡道及拐弯时,要前后呼应。

②人力垂直运送钢筋时,应预先搭设马道,并加护身栏杆。高空作业人员应挂好安全带。

③堆放钢筋及钢筋骨架的场地应平整,下垫木楞,并做好排水措施。

④机械吊运钢筋应捆绑牢固,吊点的数目和位置应符合要求;严格控制吊装质量,超重时不得起吊。

⑤机械吊运钢筋,应设专人指挥,在吊运及安装钢筋时,防止碰人撞物。高空吊运时,要注意不要碰撞脚手架、模板支撑及其他临时设施,不要触碰电线,确保安全作业。

2. 钢筋绑扎的安全要求

①绑扎深基础的钢筋时,应设马道以联系上下基槽,马道上不准堆料,往基坑搬运或传送钢筋时,应有明确的联系信号,禁止向基坑内抛掷钢筋。

②绑扎、安装钢筋骨架前,应检查模板、支撑及脚手架是否牢

固。绑扎高度超过 4 m 的圈梁、挑檐、外墙的钢筋时，必须搭设正式的操作架子，并按规定挂好安全网。不得站在墙上、钢筋骨架或模板上进行操作。

③高空绑扎钢筋时，钢筋不要集中堆放在脚手板或模板上，避免超载。不要在高处随意放置工具、箍筋或钢筋短料，避免下滑坠落伤人。

④禁止以柱或墙的钢筋骨架作为上下的梯子攀登。柱子钢筋骨架高度超过 5 m 时，在骨架中间应加设支撑拉杆加以稳固。

⑤绑扎高度 1 m 以上的大梁时，应首先支立起一面侧模并加固好后，再绑扎梁的钢筋。绑扎完毕的平台钢筋上，不准踩踏行走或放置重物。

⑥利用机械吊装钢筋时，应设专人指挥，吊点合理，上下呼应，就位人员必须待钢筋降落到 1 m 以内，方可靠近扶正就位。

3. 钢筋安装的安全要求

①利用机械吊装钢筋骨架应有专人指挥，骨架下严禁站人。骨架到达作业面上 1 m 以内时，方可扶正就位。

②高空安装钢筋骨架，必须搭好脚手架，不允许以墙或升降运输车斗代替脚手架。现场操作人员不得穿硬底和打钉易滑的鞋，工具放在工具袋内，传递物品禁止抛掷，以防坠落伤人。

③尽可能避免在高处修整、调直粗钢筋，必须进行这种操作时，操作人员要系好安全带。

④在吊装钢筋骨架时，不要碰撞脚手架、电线等物品。

⑤作业面需要照明时，应选用低压安全电源。

⑥钢筋绑扎安装完毕至混凝土浇筑完了前，不准在钢筋成品上行车走人，对钢筋变形、移位，要及时修整。

思考题

1. 一般安全知识有哪些内容？

2.钢筋加工的安全要求有哪些?

3.钢筋绑扎安全要求的主要内容是什么?

4.钢筋安装的安全要求有哪些?

5.钢筋切断时的安全要求有哪些?

6.现场临时用电安全常识有哪些?

附　录

常用钢筋计算截面面积与公称质量表

直径/mm	不同根数钢筋计算截面面积/mm^2									单根钢筋公称质量/(kg/m)
	1	2	3	4	5	6	7	8	9	
6	28.3	57	85	113	142	170	198	226	255	0.222
6.5	33.2	66	100	133	166	199	232	265	299	0.260
8	50.3	101	151	201	252	302	352	402	453	0.395
10	78.5	157	236	314	393	471	550	628	707	0.617
12	113	226	339	452	565	678	791	904	1 017	0.888
14	154	308	461	615	769	923	1 077	1 230	1 337	1.408
16	201	402	603	804	1 005	1 206	1 407	1 608	1 809	1.578
18	255	509	763	1 017	1 272	1 526	1 780	2 036	2 290	1.998
20	314	628	941	1 256	1 570	1 884	2 200	2 513	2 827	2.466
22	380	760	1 140	1 520	1 900	2 281	2 661	3 041	3 421	2.984
25	491	4 982	1 473	1 964	2 454	2 945	3 436	3 927	4 416	3.85
28	615	1 232	1 847	2 463	3 079	3 695	4 510	4 926	5 542	4.83
32	804	1 600	2 418	3 217	4 021	4 826	5 630	6 434	7 238	6.31

参考文献

1. 中国建筑工业出版社.现行建筑施工规范大全.北京:中国建筑工业出版社,2005

2. 中国建筑工业出版社.建筑施工手册.北京:中国建筑工业出版社,2003

3. 中国建筑工程总公司.混凝土结构工程施工工艺标准.北京:中国建筑工业出版社,2003

4. 吴成材,等.钢筋连接技术手册.北京:中国建筑工业出版社,2005

5. 中国计划出版社.建筑制图标准汇编.中国计划出版社,2003

6. 建筑专业《职业技能鉴定教材》编审委员会.钢筋工.北京:中国劳动社会保障出版社,2002

7. 张希舜.钢筋工.北京:中国建筑工业出版社,2002

图书在版编目(CIP)数据

钢筋工/中央农业广播电视学校组编.—北京:中国农业大学出版社,2006.4

(农村劳动力转移职业技能培训教材)

ISBN 978-7-81117-005-4

Ⅰ.钢… Ⅱ.中… Ⅲ.建筑工程-钢筋-工程施工-基本知识 Ⅳ.TU755.3

中国版本图书馆 CIP 数据核字(2006)第 019898 号

书　　名　钢筋工

作　　者　中央农业广播电视学校　组编

策划编辑　汪春林　　**责任编辑**　洪重光

封面设计　郑　川　　**责任校对**　姚慧敏

出版发行　中国农业大学出版社

社　　址　北京市海淀区圆明园西路 2 号　　**邮政编码**　100193

电　　话　发行部 010-62731190,2620　　读者服务部 010-62732336

编辑部 010-62732617,2618　　出　版　部 010-62733440

网　　址　http://www.cau.edu.cn/caup　**E-mail**:caup@public.bta.net.cn

经　　销　新华书店

印　　刷　北京时代华都印刷有限公司

版　　次　2006 年 4 月第 1 版　　2008 年 11 月第 2 次印刷

规　　格　850×1 168　　32 开本　　4.625 印张　　115 千字

印　　数　9 000～19 000

定　　价　8.00 元

凡本版教材出现印刷、装订错误,请向中央农业广播电视学校教材处调换

联系地址:北京市朝阳区来广营甲 1 号;电话:010-84904997;邮编 100012

网址:www.ngx.net.cn